IMPRESS NextPublishing

技術の泉シリーズ

Kubernetes
Secret

**HashiCorp
Vault** で実現するセキュアな運用

草間 一人
望月 敬太　著
上津 亮太朗

管理入門

Kubernetes の運用を安心・安全に！

技術の泉
SERIES

インプレス

目次

はじめに

本書は、HashiCorp Vault と Kubernetes を組み合わせた、Secret 管理のベストプラクティスを解説する本です。

Kubernetes を利用する上で一般的に利用される Secret リソースですが、実は取り扱いに注意を要するものです。本書では、悩ましい秘密情報管理の問題を、HashiCorp Vault を利用することでより便利に、より安全にしていく方法を説明し、読者のみなさんの Kubernetes ライフをより快適なものにすることを目指しています。

本書の読み方

本書では、まず HashiCorp Vault とは何かを解説した後、Kubernetes 上に Vault 環境を構築します。その後、Vault が提供する機能を用いて、安全に秘密情報管理が行えることを説明します。

前提とする環境

本書では、以下の各種ソフトウェアに対して記載したバージョンを前提に解説しています。これよりも古いバージョンであっても、本書の内容を実践することは可能です。ですが、必ずしも動作を保証するものではありません。

- Kubernetes v1.26.3
- HashiCorp Vault v1.13.2
- minikube v1.30.1
- Vault Secrets Operator 0.3.2
- cert-manager v1.12.0
- Keycloak 22.0.0
- Helm v3.12.0

ソースコード・正誤表

本書に記載しているソースコードや Manifest、および正誤表は以下のリポジトリーに掲載しています。

https://github.com/jacopen/vault-with-kubernetes

免責事項

本書に記載された内容は、情報の提供のみを目的としています。したがって、本書を用いた開発、製作、運用は、必ずご自身の責任と判断によって行ってください。これらの情報による開発、製作、運用の結果について、著者はいかなる責任も負いません。

謝辞

　書籍出版の機会をいただきました技術の泉出版のみなさま、この度は誠にありがとうございました。

　また、レビューにご協力いただきました逆井啓佑(X:k6s4i53rx)さんにも、この場をお借りしてお礼申し上げます。

　今後もCloudNativeコミュニティーに貢献していきたいと思いますので、何卒よろしくお願いいたします。

第1章　VaultでKubernetesのSecretを安全に管理する

1.1　誰もが悩む、KubernetesのSecret管理

　本書は、その題名の通りKubernetesのSecretリソース(以下、Secretと表記)をいい感じにVaultで管理しようという本です。本書を手に取ったみなさんは、おそらく普段からKubernetesを触っていて、Secretの扱いに困っているのではないでしょうか?

　あるいは、Secretを管理しているつもりではあるものの、もっといいやり方を模索しているという方もいるでしょうか。

　Kubernetesの登場によって、アプリケーションの運用は大きく変わりました。コンテナを活用して、さまざまなクラウドサービスからオンプレ環境に至るまで、環境差分に悩まされることなく、同じやり方で複雑なアプリケーションを構築・運用できるようになりました。

　また、Kubernetesをとりまくエコシステムも魅力のひとつです。Argo CDやFluxといったツールによって、Gitリポジトリーを中心としたデプロイのワークフロー、いわゆるGitOpsの実現が可能になりました。KubernetesのリソースをGitで管理することによって、Gitの操作のみでアプリケーションのデプロイを自動化することができるのです。

　しかし、GitOpsによって全てが解決するとは限りません。特に問題となりやすいのが、KubernetesのSecretの扱いです。

　一般的にPodから扱う秘密情報(シークレットとも。KubernetesのSecretと区別するため、以下秘密情報と記載)は、KubernetesのSecretとして渡します。よくある秘密情報は以下のようなものです。

- クラウドサービスのアクセスキー/シークレットアクセスキー
- データベースのユーザー名/パスワード
- SSHで利用する秘密鍵
- TLSで利用する証明書と秘密鍵
- APIトークン

いずれも、漏洩してしまうと即セキュリティーインシデントに繋がってしまうものばかりですね。クラウドのアクセスキーが漏洩してしまったら、不正利用されて大量の課金が発生してしまうかもしれません。データベースのパスワードが漏洩してしまったら、データベースに不正アクセスされてデータが改ざんされてしまうかもしれません。

　ですので、Secretの管理は細心の注意を払う必要があるわけです。

1.2　取り扱い要注意なSecret

　以下は、`kubectl create secret`コマンドを使って、Secretを作成した例です。usernameと

passwordにそれぞれ値を設定して、yamlを出力しています。

リスト 1.1: Secret の manifest

```
$ kubectl create secret generic veryimportantsecret --dry-run=client
--from-literal=username=admin --from-literal=password=p@ssw0rd -o yaml

apiVersion: v1
kind: Secret
metadata:
  name: veryimportantsecret
data:
  username: YWRtaW4=
  password: cEBzc3cwcmQ=
```

　出てきた値を見てみると、入力した値と異なる文字列になっていますね。なるほど秘密情報だから暗号化して安全な形にしてくれたのか！と思ってしまいますが、残念ながらそうではありません。
　次のリストでは、出てきた文字列に対してbase64 -dコマンドを使ってデコードを行っています。元の値が得られていることがわかりますね。そう、この文字列は暗号化されているわけではなく、単純にBase64エンコードされているだけなのです。誰でも簡単に平文に戻せますし、慣れてくればYWRtaW4=という文字列を見ただけでadminと脳内変換できてしまうものです。

リスト 1.2: デコード

```
$ echo "YWRtaW4=" | base64 -d
admin
$ echo "cEBzc3cwcmQ=" | base64 -d
p@ssw0rd
```

　つまり、これをGitにコミットしてしまうということは、平文のパスワードをコミットすることと同義であり、非常に危険な行為となります。パブリックリポジトリーにコミットするのは論外ですし、プライベートリポジトリーであっても万が一リポジトリーが漏洩してしまった場合は、そのままシークレットも漏洩してしまうことを意味します。実際プライベートリポジトリーが漏洩して大変なセキュリティーインシデントに繋がった例は多数存在します。絶対にやめましょう！

1.3　Secretを安全に管理するには？

　では、どのようにしてSecretを管理するのがいいでしょうか。考えられるアプローチは、大きく分けてふたつあります。
・暗号化して保存する
・安全な場所に保存して、持ってくる
　Secretの中身が、ただのBase64エンコードした文字列なのが問題なのであれば、ちゃんとした

暗号化を行えばGitリポジトリーにコミットしてもいいよね、という考え方がひとつめです。これを実現する方法はいくつかありますが、その中でもよく知られている仕組みがSealed Secrets[1]です。Kubernetesクラスタにインストールされた Sealed Secrets Controllerが、秘密鍵と公開鍵を持っており、kubesealというコマンドを使って暗号化されたSecretをSealedSecretとして生成します。Kubernetesクラスタ側でSecretを必要とするときは、Sealed Secrets Controllerが秘密鍵を利用して復号してくれます。この仕組みより、Gitリポジトリーにコミットしても安全性が保たれるということになります。詳しい利用方法については本書では割愛しますが、興味のある方は公式ドキュメントを参照してください。

ですが、暗号化された文字列であっても、Gitリポジトリーにコミットするのは嫌だという方も多いでしょう。Gitリポジトリーで管理するのではなく、どこか安全性の保たれた場所に保存しておき、それをKubernetesクラスタからアクセスして利用するという形がとれれば、より安全な運用ができそうです。

そこで役に立つのが、HashiCorp Vaultです。

1.4　Vaultとは

HashiCorp Vault(以下Vault)は、HashiCorpがBSL(Business Source License)[2]のもとで開発しているシークレットマネージメントのためのソフトウェアで、一般的な用途であれば無償で使用することができます。大規模な活用にも向いた商用版であるVault Enterpriseや、HCP Vaultというマネージドサービスのような形での利用も可能となっています。

Vaultを利用すると、以下のようなことが可能になります。
・さまざまな秘密情報を集中管理
・秘密情報を暗号化して保存
・秘密情報へのアクセスを制御(認証・認可)
・秘密情報のローテーション

Vaultの利用法を図で表したのが以下です。秘密情報はVaultサーバー内で集中管理され、暗号化した上で保存されています。GUIやCLI、APIを提供しており、人がアクセスする場合はGUIやCLIを利用します。CI/CDツールやアプリケーションからアクセスする場合は、CLIやAPIを使うことが多いでしょう。

1.https://github.com/bitnami-labs/sealed-secrets
2.https://www.hashicorp.com/bsl

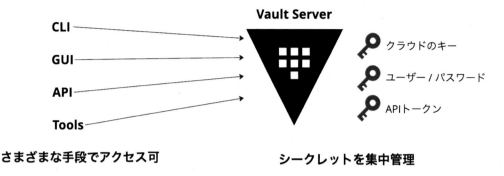

また、認証および認可も重要な要素です。秘密情報という重要な情報を扱うシステムですから、権限を持たない第三者が不正にアクセスして利用することがないよう、しっかりと管理されている必要があります。そのための手段も多数用意されており、OIDC を利用した外部 IdP との連携の他、GitHub ユーザーを使った認証、LDAP、RADIUS との連携などが提供されています。アプリケーション向けにはクラウドプロバイダーとの連携や Vault 独自の AppRole、TLS クライアント証明書などが提供されており、人・アプリケーションどちらからも柔軟に利用できるようになっています。

Vault は Kubernetes に限らず、様々な環境から利用可能な汎用性の高いシークレットマネージメントソフトウェアです。AWS EC2 のようなクラウド上の VM からアクセスすることもできますし、ECS のようなコンテナプラットフォームや Lambda のようなサーバーレス環境、それどころか、オンプレ環境からも利用可能です。

自身の運用している秘密情報全てを Vault に集中管理した上で、Kubernetes からも利用できるようにすることで、プラットフォームをまたいだ安全な環境が実現できるわけです。

どうですか？一度試してみたくなりましたか？それでは、次章以降で実際に動かしてみましょう。

第2章 KubernetesへのVaultのインストール

この章ではKubernetes上にVaultをインストールし、秘密情報を登録するといった簡単な動作確認を行います。

なお、ここでVaultに登録した秘密情報は、以降の章でも使用するためご注意ください。

2.1 前提条件

本書では、Kubernetes環境としてminikube[1]、Vaultのインストールにhelm[2]、Kubernetesの操作にkubectl[3]を利用します。まずは脚注のドキュメントを参照し、お使いの環境向けのセットアップを行っておいてください。

2.2 Kubernetes環境の作成

minikubeを利用して、Kubernetes環境を作成します。

既にセットアップ済みのKubernetes環境をお持ちの場合はそちらを利用頂いても問題ありませんが、本書ではインストールしたVaultのデータを永続化するためにデフォルトのStorageClass[4]がKubernetes上で利用できることを前提にしている点にご注意ください。

以下のコマンドにより、Kubernetes環境を作成できます。

リスト2.1: minikubeによるKubernetes環境の作成

```
$ minikube start
```

2.3 Vaultのインストール

helmを利用して、Vaultをインストールします。VaultをインストールするためのHelm Chartは公式のGitHub上[5]で公開されており、以下のように簡単にインストールを行うことができます。

今回は第4章でVault CSI Providerを利用するため、併せてインストールしています。

その他にも必要に応じてVaultを外部公開する際のIngressや、データ永続化に用いるStorageClassの設定、冗長化設定等を行うことができます。[6]

1.https://minikube.sigs.k8s.io/docs/

2.https://helm.sh

3.https://kubernetes.io/ja/docs/tasks/tools/install-kubectl

4.https://kubernetes.io/docs/concepts/storage/storage-classes

5.https://github.com/hashicorp/vault-helm

6.https://github.com/hashicorp/vault-helm/blob/main/values.yaml

リスト2.2: helmによるVaultのインストール

```
$ helm repo add hashicorp https://helm.releases.hashicorp.com
$ helm repo update
$ helm search repo hashicorp/vault
$ helm install vault hashicorp/vault --set "csi.enabled=true" -n vault
--create-namespace
```

　インストールが完了したら、Vaultの起動状態を確認してみましょう。現時点ではVault本体に当たるvault-0というPodの状態が0/1になっていますが、問題ありません。

リスト2.3: Vaultの起動状態確認(インストール直後)

```
$ kubectl get pod -n vault
NAME                                     READY   STATUS    RESTARTS   AGE
vault-0                                  0/1     Running   0          36s
vault-agent-injector-57db6b66cf-54xlr    1/1     Running   0          37s
vault-csi-provider-lwrwg                 2/2     Running   0          37s
```

2.4　初期化とUnseal

　VaultはインストールはSealedと呼ばれる状態になっており、基本的に使用することができません。Vaultを使用できる状態にするためには、初期化[7]およびUnseal[8]と呼ばれる処理を行う必要があります。

　まずはVaultの初期化を行います。以下のコマンドを実行することで、5つのUnseal KeyとRoot Tokenが払い出されます。

　Vaultの更新等に伴い、再度Unsealが必要となるケースがありますので、必ず控えておいてください(10章において再作成を実施する手順があります)。ここでは解説用に各値を示していますが、これらの値はVault自体の秘密情報に該当するため、厳重に管理し第三者に知られることのないよう注意してください。

リスト2.4: Vaultの初期化

```
$ kubectl exec -it vault-0 -n vault -- vault operator init
Unseal Key 1: benIc253HH1XvZ9pllDILM2uykrDgIaePxa7C8RLO4+P
Unseal Key 2: uUuZM2/uBacszzMcbkPEAWQatHibEWA2XxExYsTkZQsl
Unseal Key 3: f5CuoNQl72BjmD2NFOfgsLhSuExE2Xfx9/FpnA2PBwnT
Unseal Key 4: c+aw9n/JxnoyogWsQh/WdgG/mcPSvhao+wc9bBfhU92A
Unseal Key 5: EEjib7+wzmU3z2OFCgP6Jvmt4Gu0B+P4vHWr8ZSvCOeN
```

7.https://developer.hashicorp.com/vault/docs/commands/operator/init

8.https://developer.hashicorp.com/vault/docs/concepts/seal#why

```
Initial Root Token: hvs.dHdZBDav94htciVq98oI75yP

Vault initialized with 5 key shares and a key threshold of 3. Please securely
distribute the key shares printed above. When the Vault is re-sealed,
restarted, or stopped, you must supply at least 3 of these keys to unseal it
before it can start servicing requests.

Vault does not store the generated root key. Without at least 3 keys to
reconstruct the root key, Vault will remain permanently sealed!

It is possible to generate new unseal keys, provided you have a quorum of
existing unseal keys shares. See "vault operator rekey" for more information.
```

　初期化が完了したら、Unsealを行います。Unsealとは簡単にいうと初期化時に払い出されたUnseal KeyをVaultに渡すことで、Vaultがデータにアクセスできるようにするための処理です。

　Vaultのデータは図2.1のようにEncryption Keyにより暗号化されており、Encryption KeyはRoot Keyにより暗号化されています。さらにRoot KeyはShamir's Secret Sharing[9]と呼ばれる仕組みによって分散管理されたUnseal Keyにより暗号化されており、特定数(デフォルト3つ)のUnseal Keyを用いることでデコードできます。

図2.1: Unseal Keys

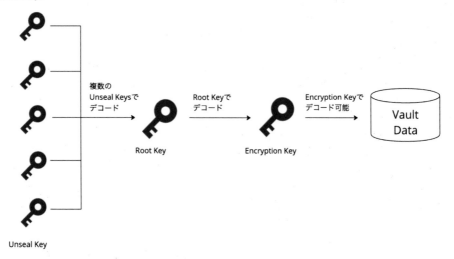

　以下のように、VaultへのUnseal Keyの登録を3回繰り返します。1、2回目ではSealedがtrueであったのに対し、3回目ではSealedがfalseになっていることが確認できます。これでUnsealが完了し、Vaultが利用できる状態になりました。

9.https://en.wikipedia.org/wiki/Shamir%27s_secret_sharing

リスト 2.5: Vault の Unseal

```
# Unseal Keyの登録(1回目)
$ kubectl exec -it vault-0 -n vault -- vault operator unseal
Unseal Key (will be hidden): <Unseal Keyのうちどれかひとつを入力>
Key              Value
---              -----
Seal Type        shamir
Initialized      true
Sealed           true
Total Shares     5
Threshold        3
Unseal Progress  1/3
Unseal Nonce     303b8a28-2a60-5122-8f59-25a371c8371a
Version          1.13.1
Build Date       2023-03-23T12:51:35Z
Storage Type     file
HA Enabled       false

# Unseal Keyの登録(2回目)
$ kubectl exec -it vault-0 -n vault -- vault operator unseal
Unseal Key (will be hidden): <Unseal Keyのうち未使用のものをひとつを入力>
Key              Value
---              -----
Seal Type        shamir
Initialized      true
Sealed           true
Total Shares     5
Threshold        3
Unseal Progress  2/3
Unseal Nonce     303b8a28-2a60-5122-8f59-25a371c8371a
Version          1.13.1
Build Date       2023-03-23T12:51:35Z
Storage Type     file
HA Enabled       false

# Unseal Keyの登録(3回目)
$ kubectl exec -it vault-0 -n vault -- vault operator unseal
Unseal Key (will be hidden): <Unseal Keyのうち未使用のものをひとつを入力>
Key              Value
---              -----
Seal Type        shamir
```

```
Initialized    true
Sealed         false
Total Shares   5
Threshold      3
Version        1.13.1
Build Date     2023-03-23T12:51:35Z
Storage Type   file
Cluster Name   vault-cluster-590d0b9c
Cluster ID     65ae2e61-6974-6cc2-c37b-014fbf047686
HA Enabled     false
```

　再度Podの起動状態を確認すると、今度はvault-0の状態が1/1となっていることが確認できます。

リスト2.6: Vaultの起動状態確認 (Unseal後)

```
$ kubectl get pod -n vault
NAME                                   READY   STATUS    RESTARTS   AGE
vault-0                                1/1     Running   0          8m
vault-agent-injector-57db6b66cf-54xlr  1/1     Running   0          8m
vault-csi-provider-lwrwg               2/2     Running   0          8m
```

　なお、このUnseal作業はVaultを再起動する度に必要となりますが、外部の仕組みと組み合わせたAuto Unseal[10]という方法も提供されています。

2.5　Vaultへの秘密情報の登録

　Vaultが無事インストールできたので、動作確認としてVaultに秘密情報を登録してみましょう。
　まずは以下のコマンドによりVault Podにexecを行った上で、初期化時に払い出されたRoot Tokenを用いてVaultにログインします。なお、今回は検証のためこのままRoot Tokenを利用しますが、Root Tokenは所謂ビルドインの管理者権限に相当するため、初期セットアップが終わったら無効化しておくことが推奨されます。[11]

リスト2.7: Vaultへのログイン

```
$ kubectl exec -it vault-0 -n vault -- /bin/sh
/ $ vault login
Token (will be hidden)：<初期化時に払い出されたRoot Tokenを入力>
Success! You are now authenticated. The token information displayed below
is already stored in the token helper. You do NOT need to run "vault login"
again. Future Vault requests will automatically use this token.
```

10.https://learn.hashicorp.com/collections/vault/auto-unseal

11.https://developer.hashicorp.com/vault/docs/concepts/tokens#root-tokens

```
Key                    Value
---                    -----
token                  hvs.dHdZBDav94htciVq98oI75yP
token_accessor         sXYM15zAIpj6FcA1m1UIZ1KS
token_duration         ∞
token_renewable        false
token_policies         ["root"]
identity_policies      []
policies               ["root"]
```

　Vaultへのログインが完了したら、続いてVault上で秘密情報を登録する場所に該当するSecrets Engine[12]を有効化します。Secrets Engineには様々な種類が用意されていますが、ここでは最もシンプルなKey/Value型のSecrets Engineをsecretという名前で有効化することにします。

リスト2.8: Secrets Engine の有効化と確認

```
/ $ vault secrets enable -path=secret kv-v2
Success! Enabled the kv-v2 secrets engine at: secret/


/ $ vault secrets list
Path            Type          Accessor              Description
----            ----          --------              -----------
cubbyhole/      cubbyhole     cubbyhole_90667aa2    per-token private secret storage
identity/       identity      identity_90ae69e0     identity store
secret/         kv            kv_18d70c18           n/a
sys/            system        system_e658d5e8       system endpoints used for
control, policy and debugging
```

　Secrets Engineの作成が完了したら、その中に秘密情報を登録します。今回はsecret/app/configというパスの配下に以下ふたつの情報を登録します。
　・USERNAME: user12345
　・PASSWORD: pass12345

リスト2.9: 秘密情報の登録

```
/ $ vault kv put secret/app/config USERNAME="user12345" PASSWORD="pass12345"
===== Secret Path =====
secret/data/app/config


======= Metadata =======
Key                    Value
```

12.https://developer.hashicorp.com/vault/docs/secrets

```
---              -----
created_time     2023-04-29T17:55:27.635779061Z
custom_metadata  <nil>
deletion_time    n/a
destroyed        false
version          1
```

これで、Vaultへの秘密情報の登録が完了しました。登録した情報は以下のように参照できます。

リスト2.10: 秘密情報の参照

```
/ $ vault kv get secret/app/config
===== Secret Path =====
secret/data/app/config

======= Metadata =======
Key              Value
---              -----
created_time     2023-04-29T17:55:27.635779061Z
custom_metadata  <nil>
deletion_time    n/a
destroyed        false
version          1

====== Data ======
Key        Value
---        -----
PASSWORD   pass12345
USERNAME   user12345
```

この他にも、vaultコマンドではVaultに対する様々な操作を行うことができます。詳細は公式ドキュメント[13]やvaultコマンドを単独で実行して、表示されるHelpを参照して下さい。

リスト2.11: vaultコマンドHelp

```
/ $ vault
Usage: vault <command> [args]

Common commands:
    read      Read data and retrieves secrets
    write     Write data, configuration, and secrets
    delete    Delete secrets and configuration
```

13.https://developer.hashicorp.com/vault/docs/commands

```
    list          List data or secrets
    login         Authenticate locally
    agent         Start a Vault agent
    server        Start a Vault server
    status        Print seal and HA status
    unwrap        Unwrap a wrapped secret

Other commands:
    audit              Interact with audit devices
    auth               Interact with auth methods
    debug              Runs the debug command
    events
    kv                 Interact with Vault's Key-Value storage
    lease              Interact with leases
    monitor            Stream log messages from a Vault server
    namespace          Interact with namespaces
    operator           Perform operator-specific tasks
    patch              Patch data, configuration, and secrets
    path-help          Retrieve API help for paths
    pki                Interact with Vault's PKI Secrets Engine
    plugin             Interact with Vault plugins and catalog
    policy             Interact with policies
    print              Prints runtime configurations
    secrets            Interact with secrets engines
    ssh                Initiate an SSH session
    token              Interact with tokens
    transit            Interact with Vault's Transit Secrets Engine
    version-history    Prints the version history of the target Vault server
```

2.6 Vaultへのリモートアクセス

　VaultはサーバーもCLIも同一の単一バイナリになっているため、vaultコマンドでサーバーの立ち上げからVaultの操作が可能です。本書では基本的にVaultが起動しているPodにexecしてVaultの操作を行っていますが、Vaultのエンドポイントを外部公開している状態であれば、別途vaultコマンドをインストール[14]した端末から以下のようにリモートアクセスが可能です。

　以下では、minikubeを起動している端末からminikubeのKubernetes上にインストールしたVaultにリモートアクセスする例を解説します。

　VaultのServiceを確認し、ポートフォワードにより外部公開します。

14.https://developer.hashicorp.com/vault/downloads

リスト2.12: ポートフォワードによるVaultの外部公開

```
$ kubectl get service -n vault
NAME                        TYPE        CLUSTER-IP      EXTERNAL-IP   PORT(S)
AGE
vault                       ClusterIP   10.98.221.155   <none>
8200/TCP,8201/TCP    152m
vault-agent-injector-svc    ClusterIP   10.101.58.233   <none>        443/TCP
152m
vault-internal              ClusterIP   None            <none>
8200/TCP,8201/TCP    152m

$ kubectl port-forward service/vault -n vault 8200:8200
Forwarding from 127.0.0.1:8200 -> 8200
Forwarding from [::1]:8200 -> 8200
```

　これでminikubeを起動している端末から8200ポート経由で、Vaultにアクセスできる状態になりました。この状態で別ターミナルから以下のコマンドを実行すると、先ほどと同様にVaultの操作を行えることが確認できます。

リスト2.13: vaultコマンドによるリモートアクセス

```
# 環境変数にVaultのエンドポイントを設定
$ export VAULT_ADDR=http://127.0.0.1:8200/

# Vaultへのログイン
$ vault login
Token (will be hidden): <初期化時に払い出されたRoot Tokenを入力>
Success! You are now authenticated. The token information displayed below
is already stored in the token helper. You do NOT need to run "vault login"
again. Future Vault requests will automatically use this token.

Key                   Value
---                   -----
token                 hvs.dHdZBDav94htciVq98oI75yP
token_accessor        sXYM15zAIpj6FcA1m1UIZ1KS
token_duration        ∞
token_renewable       false
token_policies        ["root"]
identity_policies     []
policies              ["root"]

# 秘密情報の参照
```

```
$ vault kv get secret/app/config
===== Secret Path =====
secret/data/app/config

======= Metadata =======
Key                Value
---                -----
created_time       2023-04-29T17:55:27.635779061Z
custom_metadata    <nil>
deletion_time      n/a
destroyed          false
version            1

====== Data ======
Key         Value
---         -----
PASSWORD    pass12345
USERNAME    user12345
```

2.7　Vault GUIの利用

　VaultではWeb UI[15]も提供されており、CLI以外にGUIでの操作も可能です。リスト2.12と同じくポートフォワードによりVaultを外部公開した状態で、端末のWebブラウザーからhttp://127.0.0.1:8200にアクセスしてみてください。

　図2.2のようにログイン画面が表示されるので、ここにRoot Tokenを入力します。

15.https://developer.hashicorp.com/vault/tutorials/getting-started-ui

図2.2: Vaultログイン画面

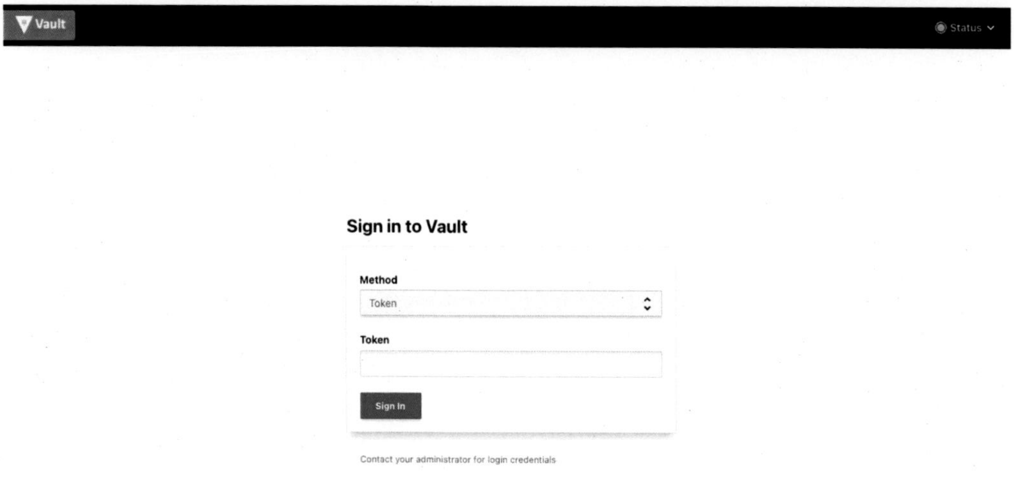

ログインに成功すると、図2.3のようにSecrets Engine一覧が表示されます。

図2.3: Secrets Engine一覧画面

　先ほど有効化したsecretという名前のSecrets Engineを辿っていくと、図2.4のように登録した秘密情報が参照できます。

図 2.4: 秘密情報の参照画面

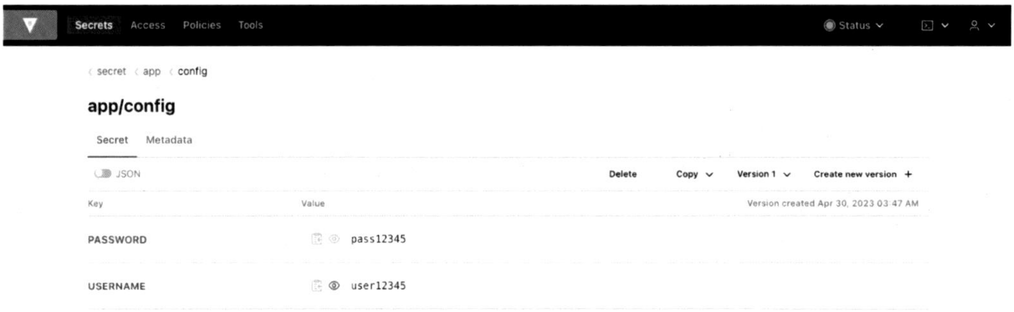

第3章　KubernetesとVaultの連携

この章では、KubernetesからVaultへ接続する方法について確認していきます。

何かしらのシステムに接続をして、何かしらのアクションを起こす際に、重要な概念として認証と認可というものがあります。そして、この認証と認可はVaultを扱う上でも大変重要な要素となるので、まずはここに関して説明をした後、実際にKubernetesとVaultの間で、どのようにこの認証と認可が用いられているのかについて解説します。

3.1　認証と認可

システムに対して、誰でも好きなようにアクセスできて、新しい情報を追加したり、既存の情報を修正もしくは削除したりといったことができてしまうと、そのシステムを信頼することは難しくなってしまいます。システムを安心して使うことができるよう、誰がどんなことをできるのかについて管理しなければなりません。

この「誰」が「どんなことをできるのか」ということを検証するために、認証と認可というものがあります。

認証

認証とは、接続してきた相手が「誰(何)なのか」ということを確認するものです。つまり、この認証を通してあなたが誰なのかを証明することになります。何かしらのウェブサイトなどにアクセスした際に、ユーザー名とパスワードを入力して、自分のアカウントにログインするという行為は、まさにこの認証です。

認証は、英単語では「Authentication」と書き、「AuthN」と記述されることがあります。

この認証ですが、これだけでは十分ではありません。たとえば、認証さえできてしまえばその後はなんでもできてしまうような環境だと、万が一認証情報が漏れてしまった場合、全てのリソースが脅かされてしまいます。自分が属しているチームのリソースだけであれば、まだ被害はそのチームの中だけで留められるかもしれませんが、会社全体のリソースがそのシステム上にある場合、被害は会社全体に広がってしまいます。ここで「認可」が大変重要になってきます。

認可

認可とは、接続してきた相手に「対象となるリソースに対して何をすることを許すのか」を指定するものです。付与された権限と対象のリソースを照らし合わせて、実行しようとしていることが

許容の範囲内にあるのかを検証します。社内リソースに自分はアクセスできて、他の人でアクセスできない人がいたといったケースが想像しやすいかと思います。

認可は、英単語では「Authorization」と書き、「AuthZ」と記述されることがあります。

適切に認可をすることで、万が一認証情報が漏れた場合でも、この認可に基づく範囲でしか行動できないため、被害を最小限に抑えることができます。

3.2　Kubernetes Auth Method

ここまで見てきたように、「認証」を用いてVaultへアクセスをし、「認可」によって定められた範囲で秘密情報にアクセスすることができます。そして、KubernetesからVaultへの認証と認可は、Kubernetes Auth Method[1]というものを通して実行することができます。

では、Kubernetes Auth Methodがどのように実行されるのかについて解説します。

Kubernetesからの認証の有効化

デフォルトでは、tokenでのアクセスのみ許可されているので、Kubernetesの情報を元に認証できるように設定を変更します。

まずVaultにログインしていきます。

リスト3.1: Vaultへのログイン

```
$ kubectl exec -n vault -it vault-0 -- /bin/sh
$ vault login <Root Token>
```

次に、Kubernetesからの認証を有効化します。

リスト3.2: Kubernetes Authの有効化

```
$ vault auth enable kubernetes
Success! Enabled kubernetes auth method at: kubernetes/
```

有効化した認証は、リスト3.3のように確認できます。

リスト3.3: 有効化した認証の確認

```
$ vault auth list
Path            Type            Accessor            Description
Version
----            ----            --------            -----------
-------
```

1.https://developer.hashicorp.com/vault/docs/auth/kubernetes

```
kubernetes/      kubernetes      auth_kubernetes_54e657d7      n/a
n/a
token/           token           auth_token_06a9529b           token based credentials
n/a
```

　GUI上では、画面上部のAccessをクリックすることで、図3.1のように、Kubernetesという項目が追加されていることを確認することができます。

図3.1: Auth Methods画面

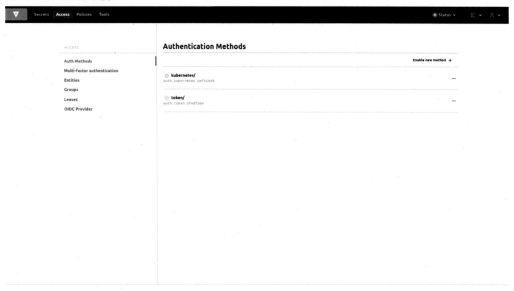

　Kubernetesからの認証の有効化が完了したら、Vaultへのアクセスを可能とするKubernetesの情報を登録します。

リスト3.4: Vaultから利用するKubernetesの登録

```
$ vault write auth/kubernetes/config \
    kubernetes_host=https://$KUBERNETES_SERVICE_HOST:$KUBERNETES_SERVICE_PORT
Success! Data written to: auth/kubernetes/config
```

　登録した情報は、リスト3.5のように確認することができます。

リスト3.5: 登録したKubernetesの確認

```
$ vault read auth/kubernetes/config
Key                       Value
---                       -----
disable_iss_validation    true
disable_local_ca_jwt      false
```

```
issuer                    n/a
kubernetes_ca_cert        n/a
kubernetes_host           https://10.96.0.1:443
pem_keys                  []
```

　GUI上で確認するには、まず右側にある編集ボタンをクリックします。すると、各種項目が図3.2のように表示されます。

図3.2: Auth Methods画面

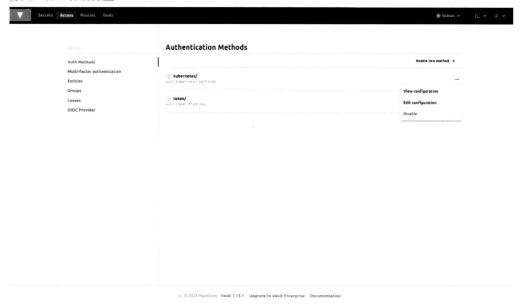

　「Edit Configuration」をクリックすると、図3.3のように、リスト3.4で登録した内容が入っていることを確認することができます。

図 3.3: Auth Methods 画面

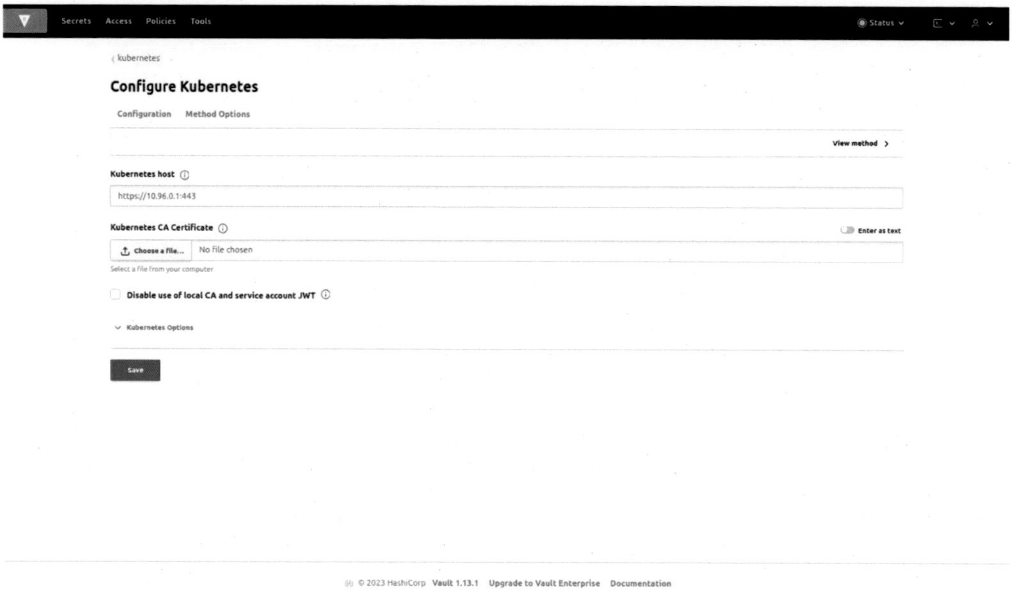

これで、Kubernetes からの認証をすることができるようになりました。

Kubernetes Auth Method の仕組み

Kubernetes から Vault の秘密情報にアクセスする際の「認証」と「認可」は、以下のリソースを用いて実施されます。

・認証: Kubernetes 上に作成した Service Account
・認可: Vault 上に作成した Policy および Role

図 3.4: Kubernetes Auth Method の認証の流れ

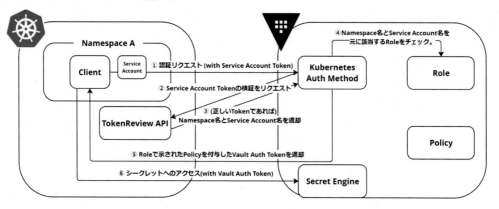

認証・認可に関係するリソースについて簡単に説明します。

・Service Account[2]: Kubernetes上で管理されるアカウント
・Service Account Token: Service Accountに紐付けられたトークン。KubernetesからVaultへの認証リクエストには、このトークンが付与される。
・Policy[3]: 指定したパスにある秘密情報に対して、特定の権限を定義するためのもの
・Role[4]: 特定のNamespace、Service Account、そしてPolicyを指定して紐付けを行うためのもの
では、まず認証に必要なService Accountを作成します。

リスト3.6: Service Accountの作成

```
$ kubectl create sa app -n default
serviceaccount/app created
```

　次に、第2章において作成した以下の秘密情報を参照するための認可の設定をしていきます。

リスト3.7: 対象の秘密情報

```
$ vault kv get secret/app/config
===== Secret Path =====
secret/data/app/config

======= Metadata =======
Key                Value
---                -----
created_time       2023-04-29T16:51:51.688944172Z
custom_metadata    <nil>
deletion_time      n/a
destroyed          false
version            1

====== Data ======
Key          Value
---          -----
PASSWORD     pass12345
USERNAME     user12345
```

　まず、この秘密情報に対する権限を定義するPolicyを作成します。pathには対象の秘密情報のパスを、capabilitiesには行使できる権限を指定します。

2.https://kubernetes.io/docs/concepts/security/service-accounts/
3.https://developer.hashicorp.com/vault/docs/concepts/policies
4.https://developer.hashicorp.com/vault/docs/auth/kubernetes#configuration

リスト3.8: Policy の作成

```
$ vault policy write app-secret - <<EOF
path "secret/data/app/config" {
 capabilities = ["read"]
}
EOF
Success! Uploaded policy: app-secret
```

作成したPolicyは、リスト3.9のように確認することができます。

リスト3.9: Policy の確認

```
$ vault policy list
app-secret
default
root

$ vault policy read app-secret
path "secret/data/app/config" {
capabilities = ["read"]
}
```

Policy作成時に指定するパスについて

　Policyを定義する際に注意しなければならないことは「パス」です。

　今回指定しているパスは、「secret/data/app/config」となっています。これは、Key/Valueの秘密情報を登録する際に以下のコマンドにおいて指定したパスではありません。

リスト3.10: 秘密情報の登録

```
$ vault kv put secret/app/config USERNAME="user12345" PASSWORD="pass12345"
```

正しいパスは、秘密情報を取得した際に記載されている「Secret Path」に記述されたパスです。

リスト3.11: 秘密情報の取得

```
$ vault kv get secret/app/config
===== Secret Path =====
secret/data/app/config

======= Metadata =======
Key              Value
...
```

　次に、作成した「Policy」とKubernetes上の「Namespace」と「Service Account」の紐付けを

するRoleを作成します。ttlで24hと指定していますが、このTTL(Time to Live - 生存期間)は、Kubernetes Auth Methodの認証後に発行されるVaultのAuth Tokenの有効期限を示しています。

リスト3.12: Roleの作成

```
$ vault write auth/kubernetes/role/app \
bound_service_account_names=app \
bound_service_account_namespaces=default \
policies=app-secret \
ttl=24h
Success! Data written to: auth/kubernetes/role/app
```

作成したRoleは、リスト3.13のように確認することができます。

リスト3.13: Roleの確認

```
$ vault list auth/kubernetes/role
Keys
----
app

$ vault read auth/kubernetes/role/app
Key                                 Value
---                                 -----
alias_name_source                   serviceaccount_uid
bound_service_account_names         [app]
bound_service_account_namespaces    [default]
policies                            [app-secret]
token_bound_cidrs                   []
token_explicit_max_ttl              0s
token_max_ttl                       0s
token_no_default_policy             false
token_num_uses                      0
token_period                        0s
token_policies                      [app-secret]
token_ttl                           24h
token_type                          default
ttl                                 24h
```

このとき、各パラメータは複数形になっていることがわかると思います。つまり、複数のNamespaceやService Account、そしてPolicyを紐づけることができます。

今回は、「default」というNamespaceにある、「app」というService Accountを利用して認証さ

れたアクセスのみを「app-secret」というPolicyと紐づけています。なので、図3.5のようにそれ以外のNamespaceにあるService Accountでは、このPolicyによって記述された権限を持って秘密情報にアクセスすることができません。

図3.5: Roleに示されていないService Accountからはアクセスできない

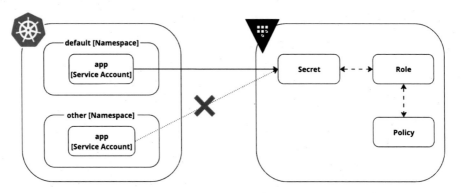

ここまでに作成したPolicyおよびRoleをGUIから確認することができます。

まず、Policyに関しては、画面上部のPoliciesを選択すると、作成したPolicyの一覧を確認することができます。

図3.6: Policies

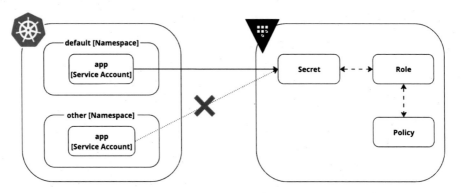

今回、リスト3.8で作成したPolicyである「app-secret」があることが確認できます。

「app-secret」をクリックすると、設定したPolicyの内容を確認することができます。

図3.7: Policy の内容

次に、Roleに関してですが、図3.1で確認したようにAccessをクリックすると確認できる
「Kubernetes」をクリックすると、リスト3.12で作成したRoleである「app」が確認できます。

図3.8: Policy の内容

「app」をクリックすると、設定したRoleの内容表示されます。

図 3.9: Policy の内容

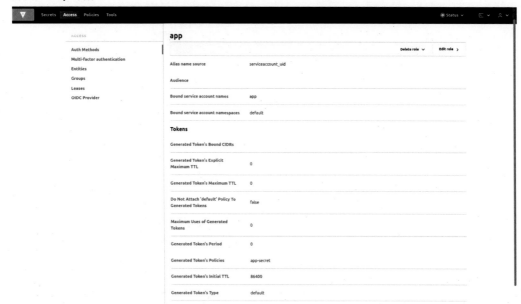

　それでは、今作成した「Service Account」、「Policy」、「Role」を用いて、Kubernetes から秘密情報を取得し利用する方法を第4章、第5章で説明していきます。

第4章 Vaultを用いたKubernetesのSecret管理

　ここまでで、KubernetesからVaultを利用するための準備が整いました。本章からは、いよいよVaultに登録した秘密情報をKubernetesから利用する方法について解説していきます。なお、以降の例では、あらかじめ先の章でVaultに対して行った各種設定を前提としていますのでご注意ください。

　Vault上に作成した秘密情報をKubernetesのリソースと連携するための方式は複数存在し、まとめると図4.1のようになります。本章ではまず従来存在しているVault AgentおよびVault CSI Providerを用いた方式について解説し、第5章では2023年に新たに登場したVault Secrets Operatorを用いた方式について解説します。HashiCorp社公式ブログでは各方式の比較を行った記事[1]も存在するので、必要に応じて参照してみてください。

図4.1: Vaultを用いたKubernetesのSecret管理方式

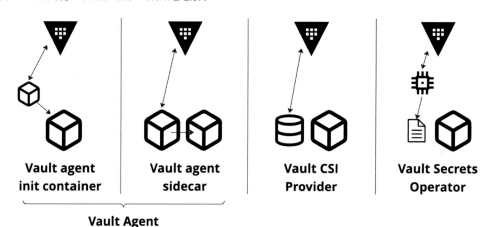

- Vault Agent
  - ─Podデプロイ時にVault AgentをInit ContainerおよびSidecar Containerとして挿入し、秘密情報をファイルとして共有Volume(メモリー)に配置する方式
- Vault CSI Provider
  - ─Secret Store CSI DriverとVault CSI Providerが連携してVaultから秘密情報を取得し、PodにVolume(メモリー)としてマウントする方式
- Vault Secrets Operator
  - ─Vault Secrets OperatorがVaultから秘密情報を取得しSecretを作成する方式

1.https://www.hashicorp.com/blog/kubernetes-vault-integration-via-sidecar-agent-injector-vs-csi-provider

また、この他にKubernetesにPodとしてデプロイしたアプリケーションから直接Vault APIを実行し、秘密情報を取得する方式も存在しますが、ここでは割愛します。

4.1 Vault Agent

この方式では特定のannotationが付与されたPodがKubernetes上にデプロイされると、Vault Agent Injectorと呼ばれるコンポーネントが該当PodにVault AgentをInit ContainerおよびSidecar Containerとして挿入します。ここで各コンテナはKubernetesのMutation Webhookという仕組みを用いて挿入されます。[2]

挿入されたVault AgentはVaultから秘密情報を取得し、Pod内の各コンテナが参照可能な共有メモリー上に秘密情報が記載されたファイルを作成します。

図4.2: Vault AgentによるSecret管理方式

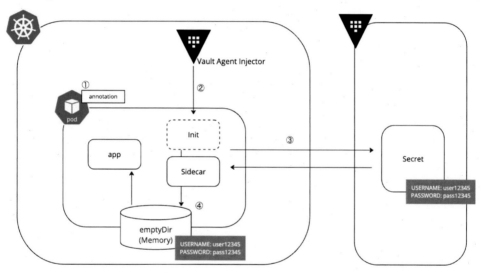

1. annotationを付与したPodをデプロイ
2. Vault Agent InjectorがVault AgentをInit ContainerおよびSidecar Containerとして挿入
3. Vault AgentがVaultから秘密情報を取得
4. 共有メモリーに秘密情報をファイルとして格納

Vault AgentによるKubernetesからの秘密情報取得

それでは、まず以下のようなPodマニフェストを用意してみましょう。マニフェストのmetadata.annotationsにて、Vault Agentの有効化をはじめとした各種設定を行っています。特にこのマニフェストにはVault上の秘密情報の登録先のみが記載されており、秘密情報そのものは一切記載されていません。また、spec.serviceAccountNameにて、Vaultアクセス時の認証に用いる

2.https://kubernetes.io/docs/reference/access-authn-authz/admission-controllers/#mutatingadmissionwebhook

ServiceAccount を指定しています。

リスト4.1: app-vault-agent-simple.yaml

```yaml
apiVersion: v1
kind: Pod
metadata:
  name: app-vault-agent-simple
  labels:
    app: app-vault-agent-simple
  annotations:
    # InjectorによるVault Agentの挿入を有効化
    vault.hashicorp.com/agent-inject: 'true'

    # 使用するVault上のRoleを指定
    vault.hashicorp.com/role: 'app'

    # Vaultのsecret/data/app/configに登録されている秘密情報を使う
    # Pod内に/vault/secrets/app-config.txtというファイルが作成され秘密情報が記載される
    vault.hashicorp.com/agent-inject-secret-app-config.txt: 'secret/app/config'
spec:
  containers:
  - name: app
    image: ubuntu:22.04
    command: ["/bin/sh", "-c", "while :; do sleep 10; done"]
  serviceAccountName: app # Vaultの認証に使うためのServiceAccount
```

用意したマニフェストを用いてPodをデプロイします。Podがデプロイされる様子をkubectlコマンドで確認すると、Init Containerによる初期化処理が行われた後にPod内にふたつのコンテナ(app Container と Sidecar Container)が作成されていることが確認できます。

リスト4.2: Podのデプロイ

```
$ kubectl apply -f app-vault-agent-simple.yaml
pod/app-vault-agent-simple created

$ kubectl get pod -l app=app-vault-agent-simple -w
NAME                      READY   STATUS           RESTARTS   AGE
app-vault-agent-simple    0/2     Init:0/1         0          0s
app-vault-agent-simple    0/2     PodInitializing  0          1s
app-vault-agent-simple    2/2     Running          0          2s
```

Podのデプロイが完了したらPodにexecして、Vaultから秘密情報が取得できているか確認してみましょう。/vault/secrets/app-config.txt というファイルが存在し、以下のようにMap形式で秘密

情報が記載されていることが確認できるはずです。なお、ここに記載されている秘密情報はSidecar Containerが定期的にVaultと同期をとっているため、Vault側で値を変更すると一定時間経過後にこちらにも反映されます。[3]

リスト4.3: Secretの確認

```
$ kubectl exec -it app-vault-agent-simple -c app -- /bin/bash


root@app-vault-agent-simple:/# cat /vault/secrets/app-config.txt
data: map[PASSWORD:pass12345 USERNAME:user12345]
metadata: map[created_time:2023-04-29T17:55:27.635779061Z custom_metadata:<nil>
deletion_time: destroyed:false version:1]
```

　実際にアプリケーションが秘密情報を利用する場合は、このファイルから必要な情報を読み取れればいいのですが、現在の形式では少し秘密情報が扱い辛いのではないかと思います。そこで、Vault AgentにはTemplateと呼ばれる機能が存在します。

Template機能の利用

　Vault AgentのTemplate機能[4]を利用することで、Vaultから取得した秘密情報を任意のフォーマットで取り扱うことができます。

　ここではTemplate機能を利用し、フォーマットを指定した秘密情報の取得を行ってみましょう。以下のようにmetadata.annotationsに、vault.hashicorp.com/agent-inject-template-<ファイル名>という秘密情報取得時のフォーマットを指定するフィールドを追加したマニフェストを用意します。

リスト4.4: app-vault-agent-template.yaml

```
apiVersion: v1
kind: Pod
metadata:
  name: app-vault-agent-template
  labels:
    app: app-vault-agent-template
  annotations:
    # InjectorによるVault Agentの挿入を有効化
    vault.hashicorp.com/agent-inject: 'true'

    # 使用するVault上のRoleを指定
    vault.hashicorp.com/role: 'app'
    # Vaultのsecret/data/app/configに登録されている秘密情報を使う
    # Pod内に/vault/secrets/app-config.txtというファイルが作成され秘密情報が記載される
```

3.https://developer.hashicorp.com/vault/docs/agent/template#renewals-and-updating-secrets

4.https://developer.hashicorp.com/vault/docs/agent/template

```
vault.hashicorp.com/agent-inject-secret-app-config.txt: 'secret/app/config'

# 作成するファイルのフォーマットを指定
# Vault上での秘密情報を、「.Data.data.<Key>」という形で指定
vault.hashicorp.com/agent-inject-template-app-config.txt: |
  {{- with secret "secret/app/config" -}}
  username: {{ .Data.data.USERNAME }}
  password: {{ .Data.data.PASSWORD }}
  {{- end -}}
spec:
  containers:
  - name: app
    image: ubuntu:22.04
    command: ["/bin/sh", "-c", "while :; do sleep 10; done"]
  serviceAccountName: app # Vaultの認証に使うためのServiceAccount
```

先ほどと同じく、Podをデプロイします。

リスト4.5: Podのデプロイ (Template)

```
$ kubectl apply -f app-vault-agent-template.yaml
pod/app-vault-agent-template created

$ kubectl get pod -l app=app-vault-agent-template
NAME                       READY   STATUS    RESTARTS   AGE
app-vault-agent-template   2/2     Running   0          49s
```

Podのデプロイが完了したら、Podにexecして/vault/secrets/app-config.txtを確認してみましょう。すると、今度はMap形式ではなく、指定したフォーマットで秘密情報が記載されていることが確認できます。

リスト4.6: Secretの確認 (Template)

```
$ kubectl exec -it app-vault-agent-template -c app -- /bin/bash

root@app-vault-agent-template:/# cat /vault/secrets/app-config.txt
username: user12345
password: pass12345
```

環境変数への秘密情報設定

Vault Agentを用いる方式では、先に見た通りPod内に直接秘密情報を含むファイルが作成されるため、KubernetesのSecretが作成されることはありません。

リスト 4.7: Kubernetes Secret の確認

```
$ kubectl get secret
No resources found in default namespace.
```

　ユースケースによってはこれで問題ない場合もありますが、Vaultから取得した秘密情報をコンテナの環境変数に設定したいというユースケースにはどのように対応すればいいのでしょうか。Kubernetesで Secretを用いて秘密情報を定義する場合は、Kubernetesのネイティブな仕組み[5]を利用できますが、今回の場合はリスト4.8のように、Vault Agentの Template機能を用いて取得した秘密情報を環境変数に設定できる形式に加工し、コンテナ起動時にそれらの値を環境変数に設定するといった工夫が必要になります。[6]

リスト 4.8: app-vault-agent-env.yaml

```
apiVersion: v1
kind: Pod
metadata:
  name: app-vault-agent-env
  labels:
    app: app-vault-agent-env
  annotations:
    # InjectorによるVault Agentの挿入を有効化
    vault.hashicorp.com/agent-inject: 'true'

    # 使用するVault上のRoleを指定
    vault.hashicorp.com/role: 'app'
    # Vaultのsecret/data/app/configに登録されている秘密情報を使う
    # Pod内に/vault/secrets/app-config.txtというファイルが作成され秘密情報が記載される
    vault.hashicorp.com/agent-inject-secret-app-config.txt: 'secret/app/config'

    # 作成するファイルのフォーマットを指定
    # Vault上での秘密情報を、「.Data.data.<Key>」という形で指定
    vault.hashicorp.com/agent-inject-template-app-config.txt: |
      {{- with secret "secret/app/config" -}}
      export username="{{ .Data.data.USERNAME }}"
      export password="{{ .Data.data.PASSWORD }}"
      {{- end -}}
spec:
  containers:
  - name: app
```

5.https://kubernetes.io/docs/tasks/inject-data-application/distribute-credentials-secure/#define-container-environment-variables-using-secret-data

6.https://developer.hashicorp.com/vault/docs/platform/k8s/injector/examples#environment-variable-example

```
  image: ubuntu:22.04
  # Vault Agentが生成したファイルに記載された値をsourceコマンドで環境変数に設定
  # 環境変数をechoで出力
  command: ["/bin/bash", "-c", "source /vault/secrets/app-config.txt && echo
$username && echo $password && /bin/sh -c 'while :; do sleep 10; done'"]
  serviceAccountName: app # Vaultの認証に使うためのServiceAccount
```

　リスト4.8では、コンテナ起動時のコマンドでVault Agentが生成したファイルに記載された値をsourceコマンドで環境変数に設定し、その値をechoで出力するようにしています。実際にPodをデプロイし、コンテナのログを確認すると、環境変数に設定された秘密情報が出力できていることが確認できます。

リスト4.9: 秘密情報が環境変数に設定されていることの確認

```
$ kubectl apply -f app-vault-agent-env.yaml
pod/app-vault-agent-env created

$ kubectl get pod -l app=app-vault-agent-env
NAME                  READY   STATUS    RESTARTS   AGE
app-vault-agent-env   2/2     Running   0          21s

$ kubectl logs app-vault-agent-env -c app
user12345
pass12345
```

Init Container のみを用いた秘密情報の取得

　metadata.annotationsでは、Vault Agentの振る舞いを変更することができます。[7]

　たとえば、リスト4.10のように、vault.hashicorp.com/agent-pre-populate-onlyというフィールドをtrueに設定することで、Podデプロイ時にInit ContainerでVaultから秘密情報を取得した後、Sidecar Containerを起動しないという動きに変更することができます。Sidecar Containerを利用しない場合、Podデプロイ後にVault側で秘密情報の更新が発生してもその値をPodに反映させることはできませんが、Sidecar Containerのためのリソースが消費されなくなるため、ユースケースによってはこちらの方が適している場合もあるでしょう。

リスト4.10: app-vault-agent-init-only.yaml

```
apiVersion: v1
kind: Pod
metadata:
  name: app-vault-agent-init-only
```

7.https://developer.hashicorp.com/vault/docs/platform/k8s/injector/annotations

```yaml
  labels:
    app: app-vault-agent-init-only
  annotations:
    # InjectorによるVault Agentの挿入を有効化
    vault.hashicorp.com/agent-inject: 'true'

    # Init Containerのみ挿入(Sidecarは挿入しない)
    vault.hashicorp.com/agent-pre-populate-only: 'true'

    # 使用するVault上のRoleを指定
    vault.hashicorp.com/role: 'app'
    # Vaultのsecret/data/app/configに登録されている秘密情報を使う
    # Pod内に/vault/secrets/app-config.txtというファイルが作成され秘密情報が記載される
    vault.hashicorp.com/agent-inject-secret-app-config.txt: 'secret/app/config'

    # 作成するファイルのフォーマットを指定
    # Vault上での秘密情報を、「.Data.data.<Key>」という形で指定
    vault.hashicorp.com/agent-inject-template-app-config.txt: |
      {{- with secret "secret/app/config" -}}
      username: {{ .Data.data.USERNAME }}
      password: {{ .Data.data.PASSWORD }}
      {{- end -}}
spec:
  containers:
  - name: app
    image: ubuntu:22.04
    command: ["/bin/sh", "-c", "while :; do sleep 10; done"]
  serviceAccountName: app # Vaultの認証に使うためのServiceAccount
```

　リスト4.10を用いてPodをデプロイすると、リスト4.11のようにInit ContainerによるPodデプロイ時の秘密情報取得のみが行われ、Sidecar Containerは起動されないことが確認できます。

リスト4.11: Init Container のみを挿入するケース

```
$ kubectl apply -f app-vault-agent-init-only.yaml
pod/app-vault-agent-init-only created

$ kubectl get pod -l app=app-vault-agent-init-only -w
NAME                         READY   STATUS          RESTARTS   AGE
app-vault-agent-init-only    0/1     Init:0/1        0          0s
app-vault-agent-init-only    0/1     PodInitializing 0          1s
app-vault-agent-init-only    1/1     Running         0          2s
```

```
$ kubectl exec -it app-vault-agent-init-only -c app -- /bin/bash
root@app-vault-agent-init-only:/# cat /vault/secrets/app-config.txt
username: user12345
password: pass12345
```

4.2　Vault CSI Provider

　kubernetes-sigs[8]では、Container Storage Interface (CSI) と呼ばれる仕様[9]に基づき秘密情報を
Volume として Pod にマウントするための仕組みである Kubernetes Secrets Store CSI Driver[10]が開
発されています。この仕組みと Vault インストール時に併せてインストールした Vault CSI Provider[11]
を利用することで、Vault に登録された秘密情報を Pod に Volume としてマウントすることができ
ます。

図4.3: Vault CSI Provider による Secret 管理方式

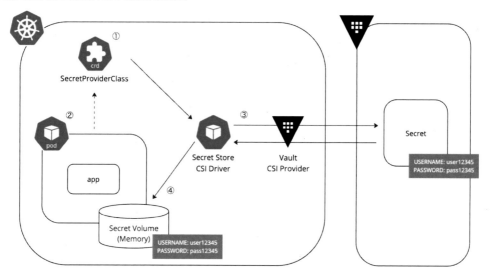

1．Vault への接続情報や使用する秘密情報の Key を定義した SecretProviderClass を作成
2．SecretProviderClass を指定して Pod をデプロイ
3．Kubernetes Secrets Store CSI Driver が SecretProviderClass の情報を元に Vault CSI Provider 経
　　由で Vault から秘密情報を取得
4．秘密情報を Pod の Volume としてマウント

8.https://github.com/kubernetes-sigs
9.https://kubernetes-csi.github.io/docs/
10.https://github.com/kubernetes-sigs/secrets-store-csi-driver
11.https://developer.hashicorp.com/vault/docs/platform/k8s/csi

Kubernetes Secrets Store CSI Driver のインストール

この方式では、Vault CSI Provider と Kubernetes Secrets Store CSI Driver が連携して Vault から秘密情報を取得するため、はじめにリスト 4.12 のように Kubernetes Secrets Store CSI Driver をインストールする必要があります。

リスト 4.12: Kubernetes Secrets Store CSI Driver のインストール

```
$ helm repo add secrets-store-csi-driver https://kubernetes-sigs.github.io/secrets
-store-csi-driver/charts
$ helm repo update
$ helm install csi secrets-store-csi-driver/secrets-store-csi-driver \
    --set syncSecret.enabled=true --create-namespace -n secrets-store-csi-driver

$ kubectl get pod -n secrets-store-csi-driver
NAME                                   READY   STATUS    RESTARTS   AGE
csi-secrets-store-csi-driver-kj5jm     3/3     Running   0          42s
```

Vault CSI Provider による Kubernetes からの秘密情報取得

Kubernetes Secrets Store CSI Driver のインストールが完了したら、リスト 4.13 のような SecretProviderClass を定義したマニフェストを用意します。この中では Vault へのアクセス情報に加え、使用する秘密情報の登録先、秘密情報を Pod にマウントする際のファイル名を指定しています。

リスト 4.13: app-vault-spc.yaml

```
apiVersion: secrets-store.csi.x-k8s.io/v1
kind: SecretProviderClass
metadata:
  name: app-vault-spc
  namespace: default
spec:
  provider: vault
  parameters:
    vaultAddress: "http://vault.vault:8200" # Vaultのエンドポイントを指定
    roleName: "app" # 使用するVault上のRoleを指定
    objects: |
      - objectName: "username-from-csi" # マウント時のファイル名
        secretPath: "secret/data/app/config" # Vault上での秘密情報登録先
        secretKey: "USERNAME" # Vault上での秘密情報のKey
      - objectName: "password-from-csi" # マウント時のファイル名
        secretPath: "secret/data/app/config" # Vault上での秘密情報登録先
        secretKey: "PASSWORD" # Vault上での秘密情報のKey
```

SecretProviderClassを作成します。

```
$ kubectl apply -f app-vault-spc.yaml
secretproviderclass.secrets-store.csi.x-k8s.io/app-vault-spc created

$ kubectl get SecretProviderClass -n default
NAME            AGE
app-vault-spc   2m36s
```

SecretProviderClassが正常に作成されたら、リスト4.15のようにSecretProviderClassを指定した形でPodのマニフェストを用意します。

リスト 4.15: app-vault-csi.yaml

```yaml
apiVersion: v1
kind: Pod
metadata:
  name: app-vault-csi
  labels:
    app: app-vault-csi
spec:
  containers:
  - name: app
    image: ubuntu:22.04
    command: ["/bin/sh", "-c", "while :; do sleep 10; done"]
    volumeMounts: # 秘密情報をVolumeとしてマウント
    - name: app-secrets
      mountPath: "/mnt/secrets-store"
      readOnly: true
  volumes: # 秘密情報をVolumeとして定義
    - name: app-secrets
      csi:
        driver: secrets-store.csi.k8s.io # CSI Driverとして
secrets-store-csi-driverを指定
        readOnly: true
        volumeAttributes:
          secretProviderClass: "app-vault-spc" # 使用するSecretProviderClassを指定
  serviceAccountName: app # Vaultの認証に使うためのServiceAccount
```

用意したマニフェストを用いて、Podをデプロイします。

リスト4.16: Podのデプロイ

```
$ kubectl apply -f app-vault-csi.yaml
pod/app-vault-csi created


$ kubectl get pod -l app=app-vault-csi
NAME             READY   STATUS     RESTARTS   AGE
app-vault-csi    1/1     Running    0          17s
```

　Podのデプロイが完了したら、Podにexecしてmount Pathで指定したディレクトリー配下を確認してみましょう。するとSecretProviderClassのobjectNameで指定したファイルが存在し、中には対応するVaultに登録した秘密情報が記載されていることが確認できます。

　なお、Vault CSI Providerを用いるケースでは、Vault側で秘密情報の更新を行ってもPod内の情報は自動更新されないため、ご注意ください。

リスト4.17: Secretの確認

```
$ kubectl exec -it app-vault-csi -- /bin/bash


root@app-vault-csi:/# ls /mnt/secrets-store/
password-from-csi   username-from-csi


root@app-vault-csi:/# cat /mnt/secrets-store/username-from-csi
user12345
root@app-vault-csi:/# cat /mnt/secrets-store/password-from-csi
pass12345
```

Kubernetes Secretの作成

　Kubernetes Secrets Store CSI Driverでは、Podにマウントした秘密情報からKubernetesのSecretを作成する機能が提供されています。[12]

　SecretProviderClassをリスト4.18のような形で定義することで、PodへのVolumeマウントに併せて、Kubernetes上にSecretを作成することが可能です。

リスト4.18: app-vault-spc-with-secret.yaml

```
apiVersion: secrets-store.csi.x-k8s.io/v1
kind: SecretProviderClass
metadata:
  name: app-vault-spc-with-secret
  namespace: default
spec:
```

12.https://secrets-store-csi-driver.sigs.k8s.io/topics/sync-as-kubernetes-secret.html

```
    provider: vault
    parameters:
      vaultAddress: "http://vault.vault:8200" # Vaultのエンドポイントを指定
      roleName: "app" # 使用するVault上のRoleを指定
      objects: |
        - objectName: "username-from-csi" # マウント時のファイル名
          secretPath: "secret/data/app/config" # Vault上での秘密情報登録先
          secretKey: "USERNAME" # Vault上での秘密情報のKey
        - objectName: "password-from-csi" # マウント時のファイル名
          secretPath: "secret/data/app/config" # Vault上での秘密情報登録先
          secretKey: "PASSWORD" # Vault上での秘密情報のKey
    secretObjects: # Secretを作成
    - secretName: app-secret-from-csi # 作成するSecret名
      type: Opaque
      data:
      - objectName: username-from-csi
        key: username
      - objectName: password-from-csi
        key: password
```

spec.secretObjectsを追加したSecretProviderClassを作成します。

リスト4.19: SecretProviderClassの作成 (Secretの自動作成)

```
$ kubectl apply -f app-vault-spc-with-secret.yaml
secretproviderclass.secrets-store.csi.x-k8s.io/app-vault-spc-with-secret created

$ kubectl get SecretProviderClass -n default
NAME                        AGE
app-vault-spc-with-secret   51s
```

リスト4.20のように、SecretProviderClassを指定した形でPodのマニフェストを用意します。さらに、ここではVolumeマウント時に自動作成されるSecretに含まれる値をコンテナの環境変数として設定するための設定を追加しています。

リスト4.20: app-vault-csi-with-secret.yaml

```
apiVersion: v1
kind: Pod
metadata:
  name: app-vault-csi-with-secret
  labels:
    app: app-vault-csi-with-secret
```

```
spec:
  containers:
  - name: app
    image: ubuntu:22.04
    command: ["/bin/sh", "-c", "while :; do sleep 10; done"]
    env: # 作成されたSecretから環境変数を設定
    - name: USERNAME
      valueFrom:
        secretKeyRef:
          name: app-secret-from-csi
          key: username
    - name: PASSWORD
      valueFrom:
        secretKeyRef:
          name: app-secret-from-csi
          key: password
    volumeMounts: # 秘密情報をVolumeとしてマウント
    - name: app-secrets
      mountPath: "/mnt/secrets-store"
      readOnly: true
  volumes: # 秘密情報をVolumeとして定義
  - name: app-secrets
    csi:
      driver: secrets-store.csi.k8s.io # CSI Driverとして
secrets-store-csi-driverを指定
      readOnly: true
      volumeAttributes:
        secretProviderClass: "app-vault-spc-with-secret" # 使用する
SecretProviderClassを指定
  serviceAccountName: app # Vaultの認証に使うためのServiceAccount
```

用意したマニフェストを用いて、Podをデプロイします。

リスト 4.21: Podのデプロイ (Secretの自動作成)

```
$ kubectl apply -f app-vault-csi-with-secret.yaml
pod/app-vault-csi-with-secret created

$ kubectl get pod -l app=app-vault-csi-with-secret
NAME                        READY  STATUS   RESTARTS  AGE
app-vault-csi-with-secret   1/1    Running  0         4s
```

　Podのデプロイが完了すると、リスト4.22のようにSecretが自動作成され、Vaultに登録した秘密情報が反映されていることが確認できます。

リスト 4.22: Secretの確認

```
$ kubectl get secret
NAME                TYPE    DATA  AGE
app-secret-from-csi Opaque  2     62s

$ kubectl get secret app-secret-from-csi -ojsonpath="{.data}"
{"password":"cGFzczEyMzQ1","username":"dXNlcjEyMzQ1"}

$ echo dXNlcjEyMzQ1 | base64 -d
user12345

$ echo cGFzczEyMzQ1 | base64 -d
pass12345
```

　また、今回はPodのマニフェストにてコンテナの環境変数としてSecretに含まれる値が設定されるようにしているため、コンテナ内の環境変数を確認すると以下のような結果が得られます。

リスト 4.23: コンテナの環境変数を確認

```
$ kubectl exec -it app-vault-csi-with-secret -- /bin/bash
root@app-vault-csi-with-secret:/# env | grep USERNAME
USERNAME=user12345
root@app-vault-csi-with-secret:/# env | grep PASSWORD
PASSWORD=pass12345
```

第5章　Vault Secrets Operator

　ここまでで、VaultとKubernetesの間で秘密情報を連携させる3つの方法のうち、Vault Agentと Vault CSI Providerのふたつを解説しました。

　この章では、2023年3月29日にHashicorp公式ブログ[1]にて投稿され、大変注目を浴びている Vault Secrets Operator[2]について解説していきます。

5.1　Vault Secrets Operatorの登場以前

　前の章で紹介したVault AgentとVault CSI Providerには、ひとつ難しいユースケースがありました。それは、取得した秘密情報を適切に環境変数に登録し、最新の状態を維持することです。

　リスト5.1は、前の章においてリスト4.8に記載したVault Agentの例です。

リスト5.1: (リスト4.8の再掲) app-vault-agent-env.yaml

```
apiVersion: v1
kind: Pod
metadata:
  name: app-vault-agent-env
  labels:
    app: app-vault-agent-env
  annotations:
    # InjectorによるVault Agentの挿入を有効化
    vault.hashicorp.com/agent-inject: 'true'

    # 使用するVault上のRoleを指定
    vault.hashicorp.com/role: 'app'
    # Vaultのsecret/data/app/configに登録されている秘密情報を使う
    # Pod内に/vault/secrets/app-config.txtというファイルが作成され秘密情報が記載される
    vault.hashicorp.com/agent-inject-secret-app-config.txt: 'secret/app/config'

    # 作成するファイルのフォーマットを指定
    # 取得した秘密情報を環境変数に設定するための形式を指定
    vault.hashicorp.com/agent-inject-template-app-config.txt: |
      {{- with secret "secret/app/config" -}}
      export username="{{ .Data.data.USERNAME }}"
```

1.https://www.hashicorp.com/blog/vault-secrets-operator-a-new-method-for-kubernetes-integration

2.https://developer.hashicorp.com/vault/docs/platform/k8s/vso

```
        export password="{{ .Data.data.PASSWORD }}"
        {{- end -}}
spec:
  containers:
  - name: app
    image: ubuntu:22.04
    # Vault Agentが生成したファイルに記載された値をsourceコマンドで環境変数に設定
    # 環境変数をechoで出力
    command: ["/bin/bash", "-c", "source /vault/secrets/app-config.txt && echo
$username && echo $password && /bin/sh -c 'while :; do sleep 10; done'"]
    serviceAccountName: app # Vaultの認証に使うためのServiceAccount
```

　このように、秘密情報を含むファイルのフォーマットを指定する項目においてexportをするように記述し、sourceコマンドによって環境変数に適用するといった方法を紹介しました。ただし、この方法にはいくつか考慮すべき事項が存在します。たとえば、今回の方法では環境変数を設定するために何かしらの目的を持ったコンテナの起動時のコマンドを変更することになりますが、これによる問題が必ずしも発生しないと言い切れるのでしょうか。また、仮に問題が発生しない場合でも、コンテナ内にいつもsourceコマンド等の環境変数を設定するためのコマンドが存在するとも限りません。この方式では、常にアプリケーションの作成過程において、このような考慮点が発生することになります。

　では、Vault CSI Providerはどうでしょうか。こちらも同様に、環境変数に登録することはできます。リスト5.2は、前の章においてリスト4.18に記載した例です。

リスト5.2: (リスト4.18の再掲) app-vault-spc-with-secret.yaml

```
apiVersion: secrets-store.csi.x-k8s.io/v1
kind: SecretProviderClass
metadata:
  name: app-vault-spc-with-secret
spec:
  provider: vault
  parameters:
    vaultAddress: "http://vault.vault:8200" # Vaultのエンドポイントを指定
    roleName: "app" # 使用するVault上のRoleを指定
    objects: |
      - objectName: "username-from-csi" # マウント時のファイル名
        secretPath: "secret/data/app/config" # Vault上での秘密情報登録先
        secretKey: "USERNAME" # Vault上での秘密情報のKey
      - objectName: "password-from-csi" # マウント時のファイル名
        secretPath: "secret/data/app/config" # Vault上での秘密情報登録先
        secretKey: "PASSWORD" # Vault上での秘密情報のKey
```

```
secretObjects: # Secretを作成
- secretName: app-secret-from-csi # 作成するSecret名
  type: Opaque
  data:
  - objectName: username-from-csi
    key: username
  - objectName: password-from-csi
    key: password
```

このマニフェストにおいて、.spec.parameters.objects[*].objectNameに記述したusername-from-csiをPod側のsecretKeyRefにおいて指定することで環境変数に取り込むことができましたが、問題はVault CSI ProviderがVault側での秘密情報の更新を認識および反映してくれないという点です。つまり、Vaultでどれだけ更新しても、新しいアプリケーション上の秘密情報は古い状態のままになってしまいます。

この点を補うもののひとつとして、コミュニティーで開発されているExternal Secrets[3]というものがあります。こちらに関しては本書において解説はしませんが、Vaultに格納された秘密情報をKubernetesのSecretリソースとして登録することができます。

今回、このExternal Secretsと同じような機能を持つHashicorp公式のOperatorツールとして、これから解説しますVault Secrets Operatorが公開されました。

5.2　Vault Secrets Operator

Vault Secrets Operatorでは、Key/Valueの秘密情報をKubernetes上にSecretリソースとして登録するのに3つのカスタムリソースを用います。

3.https://github.com/external-secrets/external-secrets/

図5.1: Vault Secrets Operator による Secret 管理方式

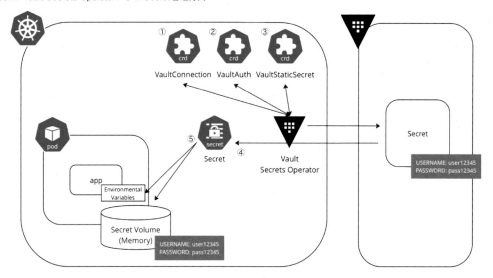

1．接続先の Vault 情報を定義するための VaultConnection を作成
2．Vault に接続する際に用いる Service Account と Vault 上にある Role を指定する VaultAuth を作成
3．取得したい秘密情報を指定する VaultStaticSecret を作成
4．VaultStaticSecret の適用をトリガーに、Vault Secrets Operator が Vault から秘密情報を取得し、Secret リソースを作成
5．Pod に Secret を環境変数、もしくは Volume としてアタッチ

新規 Secret の作成

この方式を利用するためには、はじめに Vault Secrets Operator をインストール[4]する必要があります。

まず、Helm でインストールできる状態を整えます。

リスト5.3: インストールの準備

```
$ helm repo update

$ helm search repo vault-secrets-operator
NAME                                       CHART VERSION   APP VERSION
DESCRIPTION
hashicorp/vault-secrets-operator           0.3.2           0.3.2         Official
Vault Secrets Operator Chart
```

Helm から Vault Secrets Operator がインストールできる状態であることを確認ができたら、さっ

4.https://developer.hashicorp.com/vault/docs/platform/k8s/vso/installation

そくインストールをしていきます。

リスト5.4: Vault Secrets Operator のインストール

```
$ helm install --version 0.3.2 --create-namespace --namespace vault
vault-secrets-operator hashicorp/vault-secrets-operator

$ kubectl get pods -n vault
NAME                                                         READY   STATUS
RESTARTS    AGE
vault-0                                                      1/1     Running   0
3d21h
vault-agent-injector-574778f7c-vmwrv                         1/1     Running   0
3d21h
vault-secrets-operator-controller-manager-6845f97f96-vsxj7  2/2     Running   0
110s
```

　Vault Secrets Operatorにおいて利用できるCRDはリスト5.5のように確認でき、すべてがNamespacedなリソースであることがわかります。

リスト5.5: Vault Secrets Operator に使用される CRD

```
$ kubectl api-resources | grep vault
hcpvaultsecretsapps                                secrets.hashicorp.com/
v1beta1           true           HCPVaultSecretsApp
vaultauths                                         secrets.hashicorp.com/
v1beta1           true           VaultAuth
vaultconnections                                   secrets.hashicorp.com/
v1beta1           true           VaultConnection
vaultdynamicsecrets                                secrets.hashicorp.com/
v1beta1           true           VaultDynamicSecret
vaultpkisecrets                                    secrets.hashicorp.com/
v1beta1           true           VaultPKISecret
vaultstaticsecrets                                 secrets.hashicorp.com/
v1beta1           true           VaultStaticSecret
```

　Vault Secrets Operatorの準備ができましたので、さっそくリスト5.6のような、VaultConnectionマニフェスト[5]を用意します。

5.https://developer.hashicorp.com/vault/docs/platform/k8s/vso#vaultconnection-custom-resource

リスト5.6: app-vault-connection.yaml

```
apiVersion: secrets.hashicorp.com/v1beta1
kind: VaultConnection
metadata:
  name: app-vault-connection
  namespace: default
spec:
  address: http://vault.vault.svc:8200 # Vaultのエンドポイントを指定
```

　今回は、同じKubernetes上に作成したVaultを参照するため、リスト5.7に表示されているvaultというServiceリソースをエンドポイントに指定しています。上記のパラメータに加えて、TLSの設定をするパラメータやHTTPヘッダーを指定するパラメータを指定することもできます。

リスト5.7: 接続するVault Service

```
$ kubectl get svc -n vault
NAME                                  TYPE        CLUSTER-IP      EXTERNAL-IP
PORT(S)                 AGE
vault                                 ClusterIP   10.96.72.25     <none>
8200/TCP,8201/TCP     3d21h
vault-agent-injector-svc              ClusterIP   10.96.46.6      <none>
443/TCP               3d21h
vault-internal                        ClusterIP   None            <none>
8200/TCP,8201/TCP     3d21h
vault-secrets-operator-metrics-service  ClusterIP   10.96.125.190   <none>
8443/TCP              9m23s
```

　では、VaultConnectionマニフェストを適用します。

リスト5.8: VaultConnectionの適用

```
$ kubectl apply -f app-vault-connection.yaml
vaultconnection.secrets.hashicorp.com/app-vault-connection created

$ kubectl get vaultconnection -n default
NAME                    AGE
app-vault-connection    14m
```

　次に、リスト5.9のようなVaultAuthマニフェスト[6]を用意します。

6.https://developer.hashicorp.com/vault/docs/platform/k8s/vso#vaultauth-custom-resource

リスト5.9: app-vault-auth.yaml

```
apiVersion: secrets.hashicorp.com/v1beta1
kind: VaultAuth
metadata:
  name: app-vault-auth
  namespace: default
spec:
  vaultConnectionRef: app-vault-connection # VaultConnectionを指定
  method: kubernetes
  mount: kubernetes
  kubernetes:
    role: app  # Vault上のRoleを指定
    serviceAccount: app  # Vault上の秘密情報を取得するためのService Accountを指定
```

では、VaultAuthマニフェストを適用します。

リスト5.10: VaultAuthの適用

```
$ kubectl apply -f app-vault-auth.yaml
vaultauth.secrets.hashicorp.com/app-vault-auth created

$ kubectl get vaultauth -n default
NAME             AGE
app-vault-auth   102s
```

最後に、リスト5.11のようなVaultStaticSecretマニフェスト[7]を用意します。

リスト5.11: app-vault-static-secret.yaml

```
apiVersion: secrets.hashicorp.com/v1beta1
kind: VaultStaticSecret
metadata:
  name: app-vault-static-secret
  namespace: default
spec:
  vaultAuthRef: app-vault-auth  # VaultAuthを指定
  type: kv-v2
  mount: secret
  path: app/config
  refreshAfter: 60s
  destination:
    create: true
```

7.https://developer.hashicorp.com/vault/docs/platform/k8s/vso#vaultstaticsecret-custom-resource

```
    name: app-secret-from-vso   # Kubernetes上に作成されるSecretリソース名
```

では、VaultStaticSecret マニフェストを適用します。

リスト5.12: VaultStaticSecret の適用

```
$ kubectl apply -f app-vault-static-secret.yaml
vaultstaticsecret.secrets.hashicorp.com/app-vault-static-secret created


$ kubectl get vaultstaticsecret
NAME                      AGE
app-vault-static-secret   14s


$ kubectl get secret
NAME                   TYPE     DATA   AGE
app-secret-from-vso    Opaque   3      6s
```

マニフェストに記載した通り、app-secret-from-vsoという名前でSecretが作成されていることが確認できますので、Secretリソースの中身を確認してみます。

リスト5.13: Secret の YAML 出力

```
$ kubectl get secret app-secret-from-vso -o yaml
apiVersion: v1
data:
  _raw: eyJkYXRhIjp7IlBBU1NXT1JEIjoicGFzczEyMzQ1IiwiVVNFUk5BTUUiOiJ1c2VyMTIzNDUifS
wibWV0YWRhdGEiOnsiY3JlYXRlZF90aW1lIjoiMjAyMy0wNi0xN1QxMzozNDoyMi41NDk2NzA4OTRaIiwi
Y3VzdG9tX21ldGFkYXRhIjpudWxsLCJkZWxldGlvbl90aW1lIjoiMDAwMS0wMS0wMVQwMDowMDowMFoiLC
JkZXN0cm95ZWQiOmZhbHNlLCJ2ZXJzaW9uIjoxfX0=
  PASSWORD: cGFzczEyMzQ1
  USERNAME: dXNlcjEyMzQ1
kind: Secret
metadata:
  creationTimestamp: "2023-06-17T13:53:03Z"
  labels:
    app.kubernetes.io/component: secret-sync
    app.kubernetes.io/managed-by: hashicorp-vso
    app.kubernetes.io/name: vault-secrets-operator
    secrets.hashicorp.com/vso-ownerRefUID: 3d0e62e7-943c-4180-8932-f1b79ee18666
  name: app-secret-from-vso
  namespace: default
  ownerReferences:
  - apiVersion: secrets.hashicorp.com/v1beta1
```

```
    kind: VaultStaticSecret
    name: app-vault-static-secret
    uid: 3d0e62e7-943c-4180-8932-f1b79ee18666
  resourceVersion: "655154"
  uid: 95ddde70-34fa-4c41-81a5-17c5d07efceb
type: Opaque
```

　3つのデータが登録されていることがわかります。また、ownerReferenceにはVaultStaticSecret が指定されているので、このSecretはVaultStaticSecretに管理されていることがわかります。
　データの中身を見てみたいと思います。

リスト5.14: Secretのデータの出力

```
$ kubectl get secret app-secret-from-vso -n default -o jsonpath='{.data._raw}' |
base64 -d
{"data":{"PASSWORD":"pass12345","USERNAME":"user12345"},"metadata":{"created_time"
:"2023-04-29T16:51:51.688944172Z","custom_metadata":null,"deletion_time":"0001-01
-01T00:00:00Z","destroyed":false,"version":1}}

$ kubectl get secret app-secret-from-vso -n default -o jsonpath='{.data.USERNAME}'
| base64 -d
user12345

$ kubectl get secret app-secret-from-vso -n default -o jsonpath='{.data.PASSWORD}'
| base64 -d
pass12345
```

　Vault上に挿入したデータが出力されていることが確認できました。

Secretリソースの更新

　では、先ほど取得したSecretの情報をVault側で更新し、新しい値がSecretに反映されるのかを確認していきたいと思います。

リスト5.15: Vault上の秘密情報の更新

```
$ vault kv put secret/app/config USERNAME="USER12345" PASSWORD="PASS12345"
===== Secret Path =====
secret/data/app/config

======= Metadata =======
Key                 Value
---                 -----
created_time        2023-06-17T13:55:52.500751196Z
```

```
custom_metadata    <nil>
deletion_time      n/a
destroyed          false
version            2
```

では、Secret リソースを確認していきます。

リスト 5.16: 更新後の Secret のデータの出力

```
$ kubectl get secret app-secret-from-vso -n default -o jsonpath='{.data.USERNAME}'
| base64 -d
USER12345

$ kubectl get secret app-secret-from-vso -n default -o jsonpath='{.data.PASSWORD}'
| base64 -d
PASS12345
```

リスト 5.16 のように、更新されていることが確認できました。

Vault Secrets Operator の Pod の Log ではリスト 5.17 のように出力されていて、Secret Synced という文字通り、変更を認識して Secret リソースの更新をかけていることが確認できます。

リスト 5.17: Vault Secrets Operator の Pod の Log

```
$ kubectl logs vault-secrets-operator-controller-manager-6845f97f96-vsxj7 -n
vault
...
2023-06-17T13:55:34Z    DEBUG    events    Secret sync not required        {"type":
"Normal", "object": {"kind":"VaultStaticSecret","namespace":"default","name":"app-
vault-static-secret","uid":"3d0e62e7-943c-4180-8932-f1b79ee18666","apiVersion":
"secrets.hashicorp.com/v1beta1","resourceVersion":"655155"}, "reason":
"SecretSync"}
2023-06-17T13:56:25Z    DEBUG    events    Secret synced    {"type": "Normal",
"object": {"kind":"VaultStaticSecret","namespace":"default","name":"app-vault-
static-secret","uid":"3d0e62e7-943c-4180-8932-f1b79ee18666","apiVersion":"secrets
.hashicorp.com/v1beta1","resourceVersion":"655155"}, "reason": "SecretRotated"}
```

Secret の更新が動的に実行されましたが、ここで注意しなければならないのが、この Secret を利用している Pod 上の秘密情報の更新です。

Secret を Volume として Pod にアタッチしている場合、Secret の更新を認識して動的に Pod 内の秘密情報の更新をかけてくれますが、環境変数として取り込んでいる場合は更新がかかりません。

この課題に対処するために、VaultStaticSecret のマニフェストには rolloutRestartTargets という

パラメータ[8]が用意されています。これは、Vault上の秘密情報の更新を認識した際に、指定した
リソースのロールアウトを実行してくれるものです。現状対応しているリソースは、Deployment,
DaemonSet, StatefulSetの3つです。

　では、このパラメータを反映するとどうなるのかについて、確認したいと思います。今回
は、app-vault-vsoというDeploymentを作成し、リスト5.11で用いたマニフェストに追加した
rolloutRestartTargetsパラメータによってDeploymentが自動で更新されることを確認したいと
思います。

　まず、VaultStaticSecretマニフェストに、rolloutRestartTargetsを追加していきます。

リスト5.18: app-vault-static-secret-with-rollout.yaml

```yaml
apiVersion: secrets.hashicorp.com/v1beta1
kind: VaultStaticSecret
metadata:
  name: app-vault-static-secret
  namespace: default
spec:
  vaultAuthRef: app-vault-auth  # VaultAuthを指定
  type: kv-v2
  mount: secret
  path: app/config
  refreshAfter: 60s
  destination:
    create: true
    name: app-secret-from-vso  # Kubernetes上に作成されるSecretリソース名
  rolloutRestartTargets:
  - kind: Deployment      # Rolloutの対象となるリソースのKindを指定
    name: app-vault-vso   # Rolloutの対象となるリソースの名前を指定
```

　更新したVaultStaticSecretマニフェストを適用していきます。

リスト5.19: 更新したVault Static Secretの適用

```
$ kubectl apply -f app-vault-static-secret-with-rollout.yaml
vaultstaticsecret.secrets.hashicorp.com/app-vault-static-secret configured
```

　次に、リスト5.20のようなDeploymentマニフェストを用意します。

リスト5.20: app-vault-vso.yaml

8.https://developer.hashicorp.com/vault/docs/platform/k8s/vso/api-reference#rolloutrestarttarget

```yaml
apiVersion: apps/v1
kind: Deployment
metadata:
  name: app-vault-vso
  namespace: default
  labels:
    app: app-vault-vso
spec:
  replicas: 1
  selector:
    matchLabels:
      app: vault-demo-vso
  template:
    metadata:
      labels:
        app: vault-demo-vso
    spec:
      containers:
      - name: app
        image: ubuntu:22.04
        command: ["/bin/sh", "-c", "while :; do sleep 10; done"]
        env: # 作成されたSecretから環境変数を設定
        - name: USERNAME
          valueFrom:
            secretKeyRef:
              name: app-secret-from-vso
              key: USERNAME
        - name: PASSWORD
          valueFrom:
            secretKeyRef:
              name: app-secret-from-vso
              key: PASSWORD
```

用意したDeploymentマニフェストを適用します。

リスト5.21: Deploymentの適用

```
$ kubectl apply -f app-vault-vso.yaml
deployment.apps/app-vault-vso created

$ kubectl get pods -n default
NAME                         READY   STATUS   RESTARTS   AGE
```

```
app-vault-vso-bbf6697cd-hnvts    1/1    Running    0    42s
```

　Podが作成されたら、環境変数にVaultに上に定義されている秘密情報が登録されていることを確認します。

リスト5.22: 環境変数の確認

```
$ kubectl exec -it app-vault-vso-bbf6697cd-hnvts -n default -- env |grep -e
USERNAME -e PASSWORD
PASSWORD=PASS12345
USERNAME=USER12345
```

　では、早速Vault上の秘密情報をアップデートしていきます。

リスト5.23: 環境変数の確認

```
$ vault kv put secret/app/config USERNAME="USER12345-vso"
PASSWORD="PASS12345-vso"
===== Secret Path =====
secret/data/app/config

======= Metadata =======
Key                Value
---                -----
created_time       2023-06-17T14:04:40.5651318Z
custom_metadata    <nil>
deletion_time      n/a
destroyed          false
version            3
```

　この秘密情報の更新に伴って、リスト5.24のように、秘密情報の更新に伴って自動で再作成が走ります。

リスト5.24: Deploymentのロールアウト確認

```
$ kubectl get pods -n default
NAME                              READY    STATUS         RESTARTS    AGE
app-vault-vso-5fffd854dd-hpjfk    1/1      Running        0           5s
app-vault-vso-bbf6697cd-hnvts     1/1      Terminating    0           10m
```

　では、Pod内の環境変数が新しくなっていることを確認します。

リスト5.25: 環境変数の更新確認

```
$ kubectl exec -it app-vault-vso-5fffd854dd-hpjfk -n default -- env |grep -e
USERNAME -e PASSWORD
USERNAME=USER12345-vso
PASSWORD=PASS12345-vso
```

更新後の秘密情報が環境変数に登録されていることが確認できました。

では、Vaultに対して以下のコマンドを用いて、このパートで変更したVault上の秘密情報を更新前の状態に戻します。

リスト5.26: 秘密情報の修正

```
$ vault kv put secret/app/config USERNAME="user12345" PASSWORD="pass12345"
```

第6章 Dynamic Secret (動的シークレット)

6.1 秘密情報は保存するのではなくて生成する時代！

これまでの章では、VaultのKV Secret Engineを利用して秘密情報を保存し、それをVault Agentや CSI Driver、Vault Secrets Operatorを使うことで、Kubernetesから読み出す方法を解説してきました。Gitに秘密情報を保存せずとも安全にKubernetesのSecretを作成できることがおわかりいただけたでしょう。これだけでも十分便利なのですが、この章ではVaultならではの大変便利な機能を説明していきます。

たとえば、KubernetesとVault間の連携に関しては、これまでの仕組みを使って安全に管理することができます。しかし、もしもウッカリさんがKV Secret Engineに保存している値を別の場所にメモってしまい、それが流出してしまったら元も子もないですよね？ そう、いくらKubernetesとVaultを安全に運用しようとも、その外の枠でずさんな管理をしてしまっては、全てが無意味になってしまいます。

では、このような問題に対応するにはどうすればいいでしょうか。そのアプローチのひとつが、Dynamic Secret(動的シークレット)です。保存するから流出する可能性がある。ならば、保存せず必要に応じて生成するようにすれば、流出する可能性を下げられるというわけです。

6.2 データベースのユーザー名とパスワードを動的に生成する

それでは、実際に試してみましょう。世の中にはデータベースを利用するアプリケーションがたくさんあります。Kubernetes上で動くアプリケーションからデータベースに接続するには、Secretにユーザー名とパスワードを格納し、それを読み出す形で接続するのが一般的でしょう。今回は、このユーザー名とパスワードを動的に生成する方法を試してみます。

Vaultによるデータベースのパスワード動的生成には、Database Secret Engine[1]を利用します。以下のデータベースに対応しています。

- MySQL / MariaDB
- PostgreSQL
- Microsoft SQL Server
- Oracle
- MongoDB
- IBM Db2
- HANA DB
- Redis

1.https://developer.hashicorp.com/vault/docs/secrets/databases

- Cassandra
- Couchbase
- ElasticSearch
- InfluxDB
- Redshift
- Snowflake

今回はMySQLを利用して、動的なユーザー名とパスワードを生成してみます。

6.3 MySQL環境とDatabase Secret Engineのセットアップ

まずはローカル環境から、以下のコマンドを実行してMySQLをKubernetes上にデプロイします。

リスト6.1: MySQLのデプロイ

```
$ kubectl apply -f https://raw.githubusercontent.com/jacopen/vault-with-kubernetes
/main/scripts/chapter6/mysql.yaml
```

このManifestでは、rootpassというパスワードをrootに設定するようにしてあります。以下のコマンドでmysqlcliを実行し、接続できることを確認しておきます。また、ここでテスト用のデータベースとテーブル、値の入力を行っておきます。

リスト6.2: MySQLへの接続

```
$ kubectl exec -it $(kubectl get pods --selector "app=mysql" -o
jsonpath="{.items[0].metadata.name}") -c mysql -- bash -c 'mysql -u root -p'
Enter password: #rootpassと入力
Welcome to the MySQL monitor.  Commands end with ; or \g.
(中略)
mysql> create database workshop; #workshopというデータベースを作成
Query OK, 1 row affected (0.03 sec)

mysql> use workshop; #workshopデータベースに切り替え
Database changed

mysql> create table books (id int, name varchar(50), number varchar(50)); #テーブ
ルの作成
Query OK, 0 rows affected (0.07 sec)

mysql> insert into books values (1, "Vault Book", "2023/11"); # テストデータの挿入
Query OK, 1 row affected (0.01 sec)

mysql> select * from books; # テストデータの確認
+------+------------+---------+
```

```
| id    | name       | number   |
+------+-----------+---------+
|    1 | Vault Book | 2023/11 |
+------+-----------+---------+
1 row in set (0.00 sec)

mysql> exit # mysql cliの終了
```

　mysql cli を終了した後、以下のコマンドで Vault にログインし、Database Secret Engine を有効化します。その後、MySQL への接続情報の設定を行います。

リスト6.3: Vault へのログインおよび Secret Engine の設定

```
$ kubectl exec -n vault -it vault-0 -- /bin/sh
$ vault login <Root Token>
$ vault secrets enable database
$ vault write database/config/workshop-db \
plugin_name=mysql-database-plugin \
connection_url="{{username}}:{{password}}@tcp(mysql.default.svc.cluster.local:3306
)/" \
allowed_roles="workshop-role" \
username="root" \
password="rootpass"
Success! Data written to: database/config/workshop-db
```

　次に、role の設定を行います。ここでは、動的にユーザーを生成する際に実行する SQL 文を、creation_statements として設定しています。また、生成したユーザーの生存期限をデフォルト1時間、最大24時間に設定しています。

　この例では、GRANT SELECT ON *.* とすることで、SELECT 文のみ実行可能なユーザーを作成しています。

リスト6.4: workshop-role の作成

```
$ vault write database/roles/workshop-role \
db_name=workshop-db \
creation_statements="CREATE USER '{{name}}'@'%' IDENTIFIED BY '{{password}}';GRANT
SELECT ON *.* TO '{{name}}'@'%';" \
default_ttl="1h" \
max_ttl="24h"
Success! Data written to: database/roles/workshop-role
```

6.4 動的なユーザー作成

それでは、動的なユーザーを生成してみましょう。以下のように、作成したrole をread すること
で、ユーザー名とパスワードを生成することができます。username と password に記載されている
のが、実際に生成されたMySQLのユーザー名とパスワードです。

リスト6.5: 動的なユーザーの生成

```
$ vault read database/creds/workshop-role
Key                    Value
---                    -----
lease_id               database/creds/workshop-role/1Hb47bl9r7xupCCsnE2ECQdQ
lease_duration         1h
lease_renewable        true
password               GpNE4N7Y0XZhl-FzFSSM
username               v-root-workshop-r-f2jWUUgcjIFhKT
```

生成されたユーザーを使って、MySQLにアクセスできることを確認してみましょう。別ターミ
ナルを開き、以下のコマンドを実行します。

リスト6.6: 動的なユーザーの生成

```
$ kubectl exec -it $(kubectl get pods --selector "app=mysql" -o
jsonpath="{.items[0].metadata.name}") -c mysql -- bash -c 'mysql -u <生成された
ユーザー名> -p workshop'
Enter password: #生成されたパスワードを入力
(中略)
mysql> SELECT * FROM books;  # SELECTは実行可能
+------+------------+---------+
| id   | name       | number  |
+------+------------+---------+
|    1 | Vault Book | 2023/11 |
+------+------------+---------+
```

```
1 row in set (0.00 sec)

mysql> INSERT INTO books VALUES (2, "Vault Book", "2023/11"); # INSERTは実行不可
ERROR 1142 (42000): INSERT command denied to user 'v-root-workshop-r-f2jWUUgcjIFh
KT'@'localhost' for table 'books'
```

SELECT文は実行可能ですが、INSERT文は権限が足りず実行できないことがわかります。Vault
が設定したRoleのSQL文に従って、ユーザーが生成されていることが確認できました。

今回生成されたユーザーには、1時間の生存期限が設定されています。1時間経過すると、ユー
ザーはVaultによって自動的に削除されます。

6.5　生存期間の延長

何かしらの理由があって、生成したユーザーの有効期限を伸ばしたい場合は、`vault lease renew`
コマンドを利用できます。

前項でユーザーを生成した際、`lease_id`という値が発行されています。この値を指定して、生存
期間の延長が可能です。

リスト6.7: 生存期間の延長

```
$ vault lease renew -increment=23h database/creds/workshop-role/1Hb47bl9r7xupCCsn
E2ECQdQ
Key                  Value
---                  -----
lease_id             database/creds/workshop-role/1Hb47bl9r7xupCCsnE2ECQdQ
lease_duration       23h
lease_renewable      true
```

延長可能な時間は、ユーザーが生成された時間から`max_ttl`で設定した時間までです。今回は
`max_ttl`を24時間に設定しているため、生成時間から24時間となる時間まで指定することが可能で
す。それを超える値を指定しても、自動的に`max_ttl`の値で頭打ちとなります。

6.6　作成したユーザーの削除

万が一生成したユーザーとパスワードが流出してしまっても、TTL経過後には自動的に無効化さ
れているため、安全に利用することができるわけです。有効期限は短ければ短いほど安全性が高ま
りますので、できる限り短いものを設定しておくのがいいでしょう。

また、場合によっては、有効期限を待たずしてユーザーを削除したい場合もあるかと思います。
その場合は、`vault lease revoke`コマンドで明示的に削除することも可能です。

リスト6.8: ユーザーの明示的な削除

```
$ vault lease revoke database/creds/workshop-role/1Hb47bl9r7xupCCsnE2ECQdQ
All revocation operations queued successfully
```

削除後、再度接続を試してみましょう。アクセスが拒否されていることがわかると思います。

リスト6.9: 削除されたユーザーで接続ができなくなっている

```
$ kubectl exec -it $(kubectl get pods --selector "app=mysql" -o
jsonpath="{.items[0].metadata.name}") -c mysql -- bash -c 'mysql -u <生成された
ユーザー名> -p workshop'
Enter password:  #生成されたパスワードを入力
ERROR 1045 (28000): Access denied for user '<生成されたユーザー名>'@'localhost'
(using password: YES)
command terminated with exit code 1
```

6.7　Vault Agent Injectorからの利用

それでは、この動的なユーザー作成と利用をKubernetesから行ってみましょう。

まずはVaultコマンドを実行できるターミナルのほうから以下のコマンドを実行し、policyの設定とKubernetes Auth MethodのRoleへの紐付けを行っておきます。ここでは、第3章で作成したappというroleに対して、新たに作成したdb-appというpolicyへの紐付けを追加しています。

リスト6.10: policyの作成とroleへの紐付け

```
$ vault policy write db-app - <<EOF
path "database/creds/workshop-role" {
  capabilities = ["read"]
}
EOF


$ vault write auth/kubernetes/role/app \
bound_service_account_names=app \
bound_service_account_namespaces=default \
policies=app-secret,db-app \
ttl=24h
```

次に、kubectlを実行できるターミナルのほうで、以下のようなManifestを作成します。第4章で試しているものとほとんど同じですが、secretの読み込み元が先ほど作成したDatabase Secret Engineになっていることに注目してください。

リスト6.11: pod.yaml

```yaml
apiVersion: v1
kind: Pod
metadata:
  name: app-vault-agent-dynamic
  labels:
    app: app-vault-agent-dynamic
  annotations:
    vault.hashicorp.com/agent-inject: 'true'
    vault.hashicorp.com/role: 'app'
    vault.hashicorp.com/agent-inject-secret-app-config.txt:
'database/creds/workshop-role'
    vault.hashicorp.com/agent-inject-template-app-config.txt: |
      {{- with secret "database/creds/workshop-role" -}}
      export username="{{ .Data.username }}"
      export password="{{ .Data.password }}"
      {{- end -}}
spec:
  containers:
  - name: app
    image: ubuntu:22.04
    command: ["/bin/bash", "-c", "source /vault/secrets/app-config.txt && echo
$username && echo $password && /bin/sh -c 'while :; do sleep 10; done'"]
  serviceAccountName: app
```

　Manifestを apply し、Podを作成します。起動したことを確認した後、logの確認を行ってみましょう。Vaultによって生成されたユーザー名やパスワードが表示されていることがわかるはずです。

リスト6.12: Podの作成と値の確認

```
$ kubectl apply -f pod.yaml
pod/app-vault-agent-dynamic created

$ kubectl get pods # podが起動していることを確認
NAME                         READY   STATUS    RESTARTS   AGE
app-vault-agent-dynamic      2/2     Running   0          47s
...
mysql-b68fc7c8b-8msc4        1/1     Running   0          28m

$ kubectl logs app-vault-agent-dynamic # usernameとpasswordが表示されていることを確認
Defaulted container "app" out of: app, vault-agent, vault-agent-init (init)
v-kubernetes-workshop-r-Rbm1nAmB
```

このように、予めデータベースにユーザーを作成せずとも、Vault Agentを介してPodが起動するタイミングでユーザーを作成することができました。Podごとにユニークなユーザーを作成することができ、TTLに応じてユーザーの更新が行われます。Podを削除後は自動的にユーザーも削除されるため、ユーザーの管理が煩雑になることもありません。

6.8　Vault Secrets Operatorからの利用

それでは、第5章で設定したVault Secrets Operatorを利用して、MySQLユーザーの動的な生成を行ってみましょう。以下のようなManifestを作成することで、Secretの作成が可能です。

リスト6.13: vaultdynamicsecret.yaml

```yaml
apiVersion: secrets.hashicorp.com/v1beta1
kind: VaultDynamicSecret
metadata:
  name: mysql-dynamic-secret
  namespace: default
spec:
  vaultAuthRef: app-vault-auth
  mount: database
  path: creds/workshop-role
  destination:
    create: true
    name: mysql-secret-from-vso
```

第5章で試したのは、kind:VaultStaticSecretでしたが、動的なシークレットの場合はVaultDynamicSecretを利用します。mountでDatabase Secret Engineを指定し、pathでMySQLユーザーを作成するRoleを指定していることがわかります。 以下のコマンドで作成したManifestをapplyし、Secretが作成されることを確認してみましょう。

リスト6.14: VaultStaticSecretのapplyとsecretの確認

```
$ kubectl apply -f vaultdynamicsecret.yaml
vaultdynamicsecret.secrets.hashicorp.com/mysql-dynamic-secret created

$ kubectl get secret mysql-secret-from-vso -o yaml
apiVersion: v1
data:
  _raw: eyJwYXNzd29yZCI6ImxvUDhYNlJhLWR0UjNTTmJ6ano5IiwidXNlcm5hbWUiOiJ2LWWtlYmVyb
mV0ZXMtd29ya3Nob3Atci1Ic1RnVGxzRCJ9
  password: bG9QOFg2UmEtZHRSM0lOYnpqejk=
```

```
  username: di1rdWJlcm5ldGVzLXdvcmtzaG9wLXItSHNUZ1Rsc0Q=
kind: Secret
metadata:
(以下略)
```

これで、一般的に利用されるSecretリソースを活用しつつ、Vaultによる動的なユーザーの作成が可能になりました。ここで、mysql-secret-from-vsoというSecretリソースが作成されなかった場合は、一度Vault Secrets OperatorのPodをkubectl deleteコマンドを用いて再作成し、再度確認を行ってください。

6.9 rotate-rootでroot権限を安全にする

さて、ここまでDatabase Secret Engineによる動的なデータベースユーザーの作成を試してきました。動的に作成することで、万が一の情報漏洩があっても短い期間でTTLが切れることにより安全性を保つことができます。

ですが、勘の鋭い方であれば、ここまでの内容に大きな弱点が含まれていることに気づくかもしれません。それは、rootのパスワードが固定になってしまっていることです。動的に生成するユーザーは万が一の漏洩があっても安全ですが、rootが漏れてしまったら元も子もありません。どうにかして安全にすることはできないでしょうか。

そこで提供されている仕組みが、rotate-rootです。これを利用すると、Vaultが自動的にrootのパスワードを変更してくれます。そして、変更したrootパスワードは、Vaultの管理者であっても見ることができません。Vaultだけが知っている秘密の値となり、人間はrootを使ってアクセスすることができなくなります。つまり、どうやっても漏洩することがなくなるのです。

Vaultコマンドを利用できるターミナルから、以下のコマンドを実行します。

リスト6.15: rotate-rootの実行

```
$ vault write --force /database/rotate-root/workshop-db
Success! Data written to: database/rotate-root/workshop-db
```

これで、rootのパスワードが変更されました。kubectlを利用できるターミナルのほうから接続を試みて、実際にパスワードが変更されたことを確認してみましょう。

リスト6.16: 初期パスワードではログインができなくなっている

```
$ kubectl exec -it $(kubectl get pods --selector "app=mysql" -o
jsonpath="{.items[0].metadata.name}") -c mysql -- bash -c 'mysql -u root -h
mysql.default.svc.cluster.local -p'
Enter password: # 初期パスワードを入力
ERROR 1045 (28000): Access denied for user 'root'@'10.244.0.1' (using password:
YES)
command terminated with exit code 1
```

接続がエラーとなり、rootが使えなくなったことがわかります。いやいやちょっと待って、これではroot権限で作業をしたいときどうするんだ、という声が聞こえてきそうです。

そこで、Vaultに新たなRoleを作成して、root権限を持ったユーザーを動的に作成するようにしましょう。以下のコマンドを実行し、root-roleという名前のRoleを作成し、configに登録します。

リスト6.17: root-roleの作成

```
$ vault write database/roles/root-role \
db_name=workshop-db \
creation_statements="CREATE USER '{{name}}'@'%' IDENTIFIED BY '{{password}}';GRANT
ALL PRIVILEGES ON *.* TO '{{name}}'@'%';" \
default_ttl="1h" \
max_ttl="24h"
Success! Data written to: database/roles/root-role

$ vault write database/config/workshop-db \
plugin_name=mysql-database-plugin \
connection_url="{{username}}:{{password}}@tcp(mysql.default.svc.cluster.local:330
6)/" \
allowed_roles=workshop-role,root-role
```

roleの設定が終わったら、ユーザーの動的な生成をしてみましょう。

リスト6.18: root権限を持ったユーザーの動的な作成

```
$ vault read database/creds/root-role
Key                     Value
---                     -----
lease_id                database/creds/root-role/wY5klPBumcpKs8YhCb9oyTxz
lease_duration          1h
lease_renewable         true
password                D1GA21-MDvJz1y0hrYfA
username                v-root-root-role-0iZiYpoEW8eEhcR
```

これで、root権限をもったユーザーも必要なときに作成できるようになりました。固定パスワードのrootユーザーを使うのと比べ、1時間だけ有効なユーザーを作成できるため、万が一の漏洩の際にも安全性を保つことができます。また、Vaultのログを確認することで、いつ誰がユーザーを作成したのかを追うこともできるため、監査の観点からも有効です。

6.10　さまざまな秘密情報を動的に生成する

ここまで、MySQLのユーザー名とパスワードを動的に生成する方法を解説しました。本書の冒頭にも記載したように、Database Secret EngineはMySQLのみならず、PostgreSQLやSQL Server、

Oracleといった有名どころのRDBMSやMongoDB、CassandraといったNoSQLデータベースにも対応しています。

　それだけではありません。このDynamic Secretの考え方は、Vaultの根幹を成すものであり、Vaultを積極的に利用していく理由のひとつです。データベースだけではなく、様々なシステムや環境に対してDynamic Secretの考え方を適用することが可能です。

AWS / Google Cloud / Azure

　AWS[2]やGoogle Cloud[3]、Azure[4]といったクラウドサービスに対して、それぞれSecret Engineが用意されています。これらを利用することで、各クラウドサービスへの認証情報を動的に生成することが可能です。

　たとえば、AWS Secret Engineを用いると、IAMユーザーやAssume Role、Federation Tokenを動的に生成できます。Google CloudであればService Account、AzureであればService Principalを動的に生成することができます。

　この仕組みを活用すると、たとえばCI/CDツールからデプロイを行う際にJust in timeでユーザーを作成し、使い終わったら消すといったことが可能になります。CI/CDツールにクラウドサービスの認証情報を保存しておく必要がなくなるため、ツール側で漏洩事故が起こったとしても慌てる必要がなくなります。2023年の1月には某大手CI/CDサービスで大規模なセキュリティーインシデントが発生しましたが、Vaultを利用していればこのような事態にも柔軟に対処することが可能になりますね。

2.https://developer.hashicorp.com/vault/docs/secrets/aws
3.https://developer.hashicorp.com/vault/docs/secrets/gcp
4.https://developer.hashicorp.com/vault/docs/secrets/azure

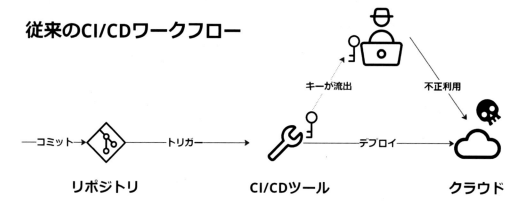

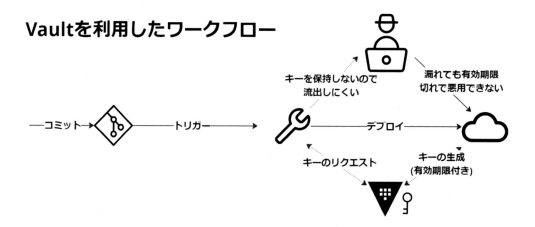

Kubernetes

Kubernetesに対しても、Secret Engineが用意されています[5]。ちょっとまって、これまで　Vaultと Kubernetesの組み合わせについて解説してきたんじゃなかったの？ 今までの話とKubernetes Secret Engineって何が違うの？ と混乱してしまうかもしれませんね。

本書で解説してきた内容は、「KubernetesからVaultにアクセスし、Vaultに保存されている秘密情報を取得or生成する」というものでした。これに対して、Kubernetes Secret Engineが行うのは、「VaultからKubernetesにアクセスし、Kubernetesの中のService Accountを動的に生成する」というものです。

KubernetesにはService Accountというリソースがあり、Kubernetes内のPodが外部にアクセスする際に利用する認証情報を保持しています。本書においても、第3章の解説にてKubernetesからVaultにアクセスできるようにService Accountを作成しています。

5.https://developer.hashicorp.com/vault/docs/secrets/kubernetes

このService Accountも、一般的に一度作ったら作りっぱなしになりやすいリソースです。作成自体はkubectl create saコマンドで簡単に行えますが、Service Accountに対して権限を付与していくRoleBinding、ClusterRoleBindingを設定していくのは地味に面倒な作業です。また、不要になったService Accountを細かく削除しているという人も、意外と少ないのではないでしょうか。

ですが、こういった作りっぱなしになっているService Accountが、セキュリティーの問題を起こしてしまう可能性はゼロではありません。Kubernetesクラスタを利用できる内部の人間が、放置されているService Accountを利用して許可されていない権限を行使するという可能性もあるわけです。

そこで、VaultのKubernetes Secret Engineを利用するわけです。Vaultを経由して、必要なときにだけService Accountが存在するようにすれば、このようなリスクを軽減できるというわけですね。

SSH

コンテナ時代ではありますが、今でもSSHを使ってサーバーにアクセスを行う業務も根強く残っています。この際、ユーザー名/パスワードで認証を行ったり、SSH鍵を使った認証を行ったりしていると思いますが、そのパスワードや鍵は定期的に新しくしていますか？ そこまでできていないという人が多いのではないでしょうか。更新できていないということは、万が一の流出があった際に不正利用の余地を残してしまうことになります。

そこで、利用できるのが、SSH Secret Engineです[6]。 これを利用すると、ワンタイムパスワード(OTP)や、SSH鍵署名などの仕組みを使って、短期だけ有効な権限でSSH接続を行うことができます。

LDAP

LDAPもまた、作りっぱなしになりやすいシステムです。LDAPに保存されているユーザーやパスワードが長期間変更されていない場合は、流出による悪用を許してしまうことになります。LDAP Secret Engine[7]を利用すると、LDAPサーバーに対して、動的なユーザーとパスワードを生成することができます。また、ユーザーは固定にしておいて、パスワードのみを自動で変更するという使い方も可能です。

OpenLDAPのほか、Active Directoryにも対応しています。

PKI

PKI Secret Engine[8]を利用すると、Vaultをルート認証局、もしくは中間認証局として利用することができます。社内で独自の公開鍵認証基盤を運用している場合は、Vaultを中間認証局として利用することで、Vault CLIやGUI、APIを介した証明書の発行を行うことができます。Kubernetesから利用する場合、cert-manager[9]がVaultに対応しているため、Certificateリソースを使って簡単

6.https://developer.hashicorp.com/vault/docs/secrets/ssh
7.https://developer.hashicorp.com/vault/docs/secrets/ldap
8.https://developer.hashicorp.com/vault/docs/secrets/pki
9.https://cert-manager.io/

に証明書を発行することができます。

GitHub / GitLab

　Vault Plugin Secrets GitHub[10]や Vault Plugin for Gitlab Project Access Token[11]を導入すると、GitHub や GitLab の Access Token を Vault から動的に作成することが可能になります。ただし、現時点では Vault の公式機能として含まれていないため、自身で Plugin の導入を行う必要があります。

　GitHub や GitLab の Access Token を利用して、リポジトリーの Clone や CI/CD パイプラインの操作を自動化するというユースケースは非常に多く見られます。ですが、その際に利用する Access Token は、一度作ったらずっと使い回すことが多いのではないでしょうか。リポジトリーや CI/CD パイプラインは本番環境と密接な環境にあるため、この Token が盗まれてしまうということは、芋づる式に本番環境へのアクセスを許してしまう危険性を孕んでいます。

　Vault を経由して動的に発行することで、このようなリスクを軽減することができます。

10.https://github.com/martinbaillie/vault-plugin-secrets-github

11.https://github.com/splunk/vault-plugin-secrets-gitlab

第7章　PKI (公開鍵基盤)

7.1　PKIとは

　PKI(公開鍵基盤)とは、秘密鍵と公開鍵を用いた暗号化技術である公開鍵暗号方式を利用して安全なデータのやりとりを実現するためのセキュリティー基盤を指します。

公開鍵暗号方式とデジタル署名

　公開鍵暗号方式では、「秘密鍵」と「公開鍵」のふたつの鍵を利用してデータの暗号化・復号化を行います。公開鍵は誰でも簡単に入手できるように公開された鍵であり、秘密鍵はひとつのみしかない重要な鍵です。

　秘密鍵で暗号化されたデータは公開鍵でしか復号化ができず、また同様に公開鍵で暗号化されたデータは秘密鍵でしか復号化できないようになっています。

図7.1: 公開鍵暗号方式

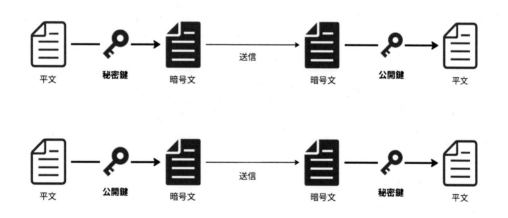

　この技術を用いて、データの転送時にデータの改ざんがされていないことを示すことに用いられるデジタル署名というものを作成することができます。

　データをハッシュ関数にかけて生成したハッシュ値を秘密鍵を用いて暗号化したものが、デジタル署名です。このデジタル署名は、公開鍵を用いて復号化しハッシュ値を取り出すことができますが、そのハッシュ値から元のデータを生成することはできません。

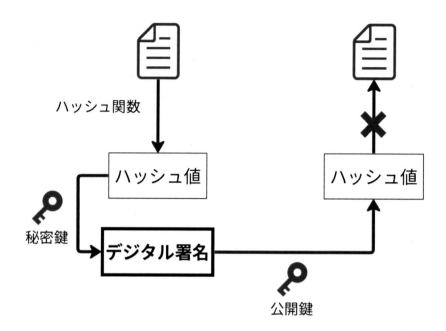

このデジタル署名は、データを送る際に一緒に送ります。そして、受け取り側ではこのデジタル署名を事前に取得しておいた公開鍵を用いて復号化してハッシュ値を取得します。その後、送信されたデータをハッシュ関数にかけてハッシュ値を生成し、このハッシュ値とデジタル署名から取得したハッシュ値が一致すれば、送信されたデータには何も改ざんされていないことを確認することができます。

図7.3: デジタル署名の一致

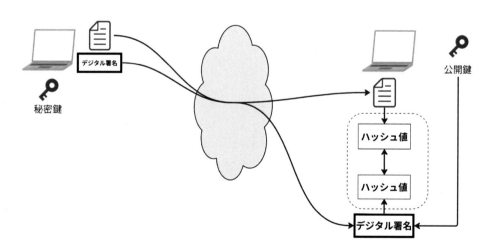

では、途中で改ざんされているとどうなるのかというと、ハッシュ値を比較した際に一致しないので、送信される中でデータに何かしら変更が加えられているということがわかるという仕組みになっています。

図7.4: デジタル署名の不一致

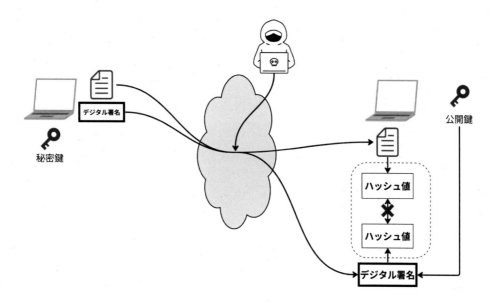

　デジタル署名を用いることでデータの改ざんを検知できることがわかりましたが、もしデータの受信者がデジタル署名を復号する際に用いる公開鍵が正規に送信者が公開したものではなく、悪意のあるユーザーによってすり替えられたものだったらどうでしょう。もしデータと合わせてデジタル署名を悪意のあるユーザーが持つ秘密鍵を用いて改ざんされていた場合、受信者はデータの改ざんに気付くことができなくなってしまいます。つまり、公開鍵暗号方式においては、公開鍵の信頼性を保証することが重要になります。ここで、公開鍵の信頼性を保証するために用いられるのが証明書です。

証明書

　証明書は、以下のような情報を持ったデータです。以下に示すのは、一般的なX.509というフォーマットの証明書です。

図 7.5: X.509 証明書

バージョン	証明書のバージョン
シリアル番号	認証局によって割り当てられる番号
署名アルゴリズム	署名に用いるアルゴリズム
発行者情報	認証局の情報
有効期限	証明書の有効期限
主体者情報	証明書の所有者の情報
主体者の公開鍵情報	公開鍵の発行アルゴリズムや公開鍵
etc...	

　この証明書を、先ほどのデータが改ざんされてないか検証するフローに当てはめてみます。まず、データの送信者は、証明書を取得するために必要な署名要求(CSR)を作成します。この署名要求には、証明書の所有者に関する情報や公開鍵などの情報が含まれています。

図 7.6: CSR の送付

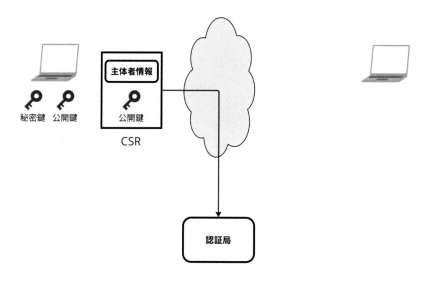

　署名要求を受けた認証局は、tbsCertificate、署名アルゴリズム、そしてデジタル署名を合わせた証明書を発行し、証明書の所有者に送付します。tbsCertificateが先ほど紹介した証明書の本体に該当し、デジタル署名はtbsCertificateのハッシュ値を認証局の秘密鍵を用いて暗号化したものに該当します。

図7.7: 証明書の送信

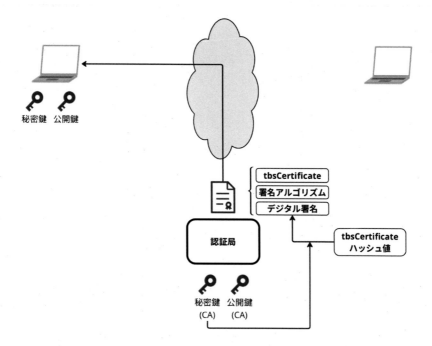

　データを送付する際、送信者はデータ、デジタル署名、そして公開鍵の代わりの先ほど取得した証明書を送付します。

図 7.8: データの送信

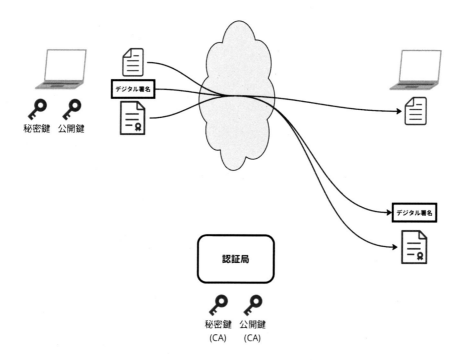

データの受信者は認証局から公開鍵を取得し、取得した公開鍵を用いて証明書に付与されたデジタル署名を復号します。この値と tbsCertificate をハッシュ関数（署名アルゴリズム）でハッシュ化した値が一致すれば、証明書に含まれる公開鍵を信頼できるものとして扱います。

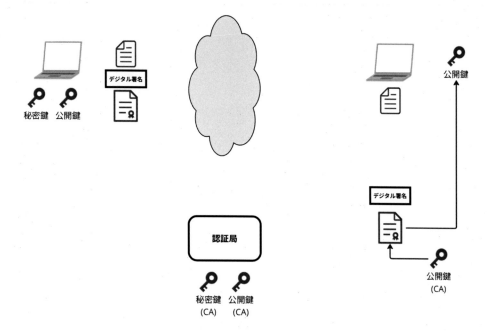

あとは、証明書から取得した公開鍵を用いて送信者から送られたデータに付与されるデジタル署名を復号し、データのハッシュ値の比較をすることで、データに改ざんがされていないかを確認することができます。

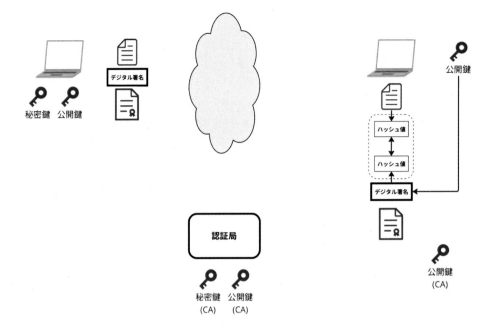

このように、PKIでは証明書を用いて、セキュアなデータのやり取りを実現します。ここではPKIによるデータの改ざん検知の例を解説しましたが、その他の代表的な例としては通信の暗号化を行うTLS/SSLがあります。

TLS通信

まず、TLS通信の説明に入る前に、共通鍵暗号方式について簡単に説明します。

共通鍵暗号方式では、同一の鍵を使ってデータの暗号化・復号化を行います。

図7.11: 共通鍵暗号方式

この暗号化方式では、共通鍵が第三者に渡ると暗号化したデータを解読されてしまうリスクにつながるため、共通鍵の共有を安全に行う必要があります。

TLS通信では、先に説明した公開鍵暗号方式と、この共通鍵暗号方式を組み合わせてセキュアな通信を実現しています。

図7.12: TLS通信

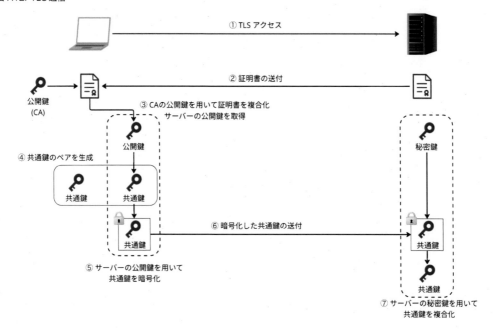

1. まずTLS通信を開始します。
2. サーバーは、クライアントに対して証明書を送信します。
3. クライアントは、認証局の公開鍵を用いて証明書の正当性を検証し、証明書からサーバーの公開鍵を取り出します。
4. 共通鍵のペアを生成します。
5. 先ほど取得したサーバーの公開鍵を用いて、作成した共通鍵を暗号化します。
6. クライアントは、サーバーに対し暗号化した共通鍵を送信します。
7. サーバーは、公開鍵で暗号化された共通鍵を秘密鍵で復号し、共通鍵を取得します。

これでクライアントとサーバーは共通鍵を共有することができたため、以降の通信ではこの共通鍵による暗号化を行ったデータを双方でやり取りします。

7.2　PKI Secret Engineの基本動作

では、ここからVaultのPKI Secret Engineを用いて、証明書を発行していく流れを簡単に見ていきたいと思います。なお、ここではKubernetes上にデプロイしたVaultに接続する際、「2.6 Vaultへのリモートアクセス」で解説したport-forwardでローカルのPortを開放し、vaultコマンドを使用する方法を用いるようにしてください。

ルート認証局の設定

では、Vaultにログインしていきます。

リスト 7.25: Vault へのログイン

```
$ kubectl exec -n vault -it vault-0 -- /bin/sh
$ vault login <Root Token>
```

まずは、PKI Secret Engine を有効化します。

リスト 7.2: PKI Secret Engine の有効化

```
$ vault secrets enable pki
Success! Enabled the pki secrets engine at: pki/
```

GUI では、pki/という Secret Engine のパスが作成されているのを確認できます。

図 7.13: Secret Engines 画面

pki/をクリックすると、まだ設定を入れてないため、何も表示されません。

図 7.14: PKI Overview 画面

続いて、このPKIで管理する証明書の最大のリースTTLを10 years (87600h)に設定します。

リスト7.3: 最大リースTTLの設定

```
$ vault secrets tune -max-lease-ttl=87600h pki
Success! Tuned the secrets engine at: pki/
```

設定が完了したら、自己署名CA（認証局）証明書と秘密鍵を作成します。

リスト7.4: CA証明書及び秘密鍵の作成

```
$ vault write -field=certificate pki/root/generate/internal \
common_name="vault.vault-book.com" \
issuer_name="Vault_Book" \
ttl=87600h > root_ca.crt
```

opensslコマンドを用いて、作成したCA証明書の内容を確認してみます。

リスト7.5: opensslコマンドを用いたCA証明書の確認

```
$ openssl x509 -text -noout -in root_ca.crt
Certificate:
    Data:
        Version: 3 (0x2)
        Serial Number:
            15:23:6e:3f:7a:92:ce:db:2f:c5:85:13:cd:e6:6c:05:b2:33:bb:ce
        Signature Algorithm: sha256WithRSAEncryption
        Issuer: CN = vault.vault-book.com
        Validity
            Not Before: Aug  5 13:25:22 2023 GMT
            Not After : Aug  2 13:25:52 2033 GMT
        Subject: CN = vault.vault-book.com
        Subject Public Key Info:
            Public Key Algorithm: rsaEncryption
                Public-Key: (2048 bit)
                Modulus:
                    00:be:18:cb:59:09:e0:4c:a2:04:90:0a:8d:75:55:
                    19:9e:d9:ac:e0:14:d4:31:4e:c1:c7:b1:55:9f:93:
        [...]
        X509v3 extensions:
            X509v3 Key Usage: critical
                Certificate Sign, CRL Sign
            X509v3 Basic Constraints: critical
                CA:TRUE
            X509v3 Subject Key Identifier:
```

```
        2F:38:E2:33:84:45:7C:44:A6:D0:8A:AA:FA:ED:E6:F0:64:10:BC:EF
    X509v3 Authority Key Identifier:
        2F:38:E2:33:84:45:7C:44:A6:D0:8A:AA:FA:ED:E6:F0:64:10:BC:EF
    X509v3 Subject Alternative Name:
        DNS:vault.vault-book.com
Signature Algorithm: sha256WithRSAEncryption
Signature Value:
    52:01:c7:f8:34:61:1d:f6:c4:89:07:69:6f:ce:1d:b4:5a:ef:
    42:49:76:00:d9:1a:7a:a2:16:28:89:00:54:b4:67:14:3d:09:
    [...]
```

Issuer 及び Subject の Common Name に、今回設定した vault.vault-book.com が設定されていることが確認できます。

CA証明書を発行するIssuerの設定に関しても確認します。

リスト7.6: Issuer のリスト

```
$ vault list pki/issuers/
Keys
----
b749e1e3-d2da-d666-8171-b64bd5e41902
```

表示されたIssuerの設定を確認します。

リスト7.7: Issuer の設定内容

```
$ vault read pki/issuer/b749e1e3-d2da-d666-8171-b64bd5e41902
Key                             Value
---                             -----
ca_chain                        [-----BEGIN CERTIFICATE-----
MIIDUjCCAjqgAwIBAgIUFSNuP3qSztsvxYUTzeZsBbIzu84wDQYJKoZIhvcNAQEL
BQAwHzEdMBsGA1UEAxMUdmF1bHQudmF1bHQtYm9vay5jb20wHhcNMjMwODA1MTMy
[...]
wfV4yszDCK5G4Nfw6/sJsnXB3tkDAC83/fqXZ78yd234K1EPP9D5n1vbGHhB01U9
vj/0jPhakbSmnL9J5JLGqXqyCPi7q4/XySvIrkmR3+lGu/s3cYM=
-----END CERTIFICATE-----
]
certificate                     -----BEGIN CERTIFICATE-----
MIIDUjCCAjqgAwIBAgIUFSNuP3qSztsvxYUTzeZsBbIzu84wDQYJKoZIhvcNAQEL
BQAwHzEdMBsGA1UEAxMUdmF1bHQudmF1bHQtYm9vay5jb20wHhcNMjMwODA1MTMy
[...]
wfV4yszDCK5G4Nfw6/sJsnXB3tkDAC83/fqXZ78yd234K1EPP9D5n1vbGHhB01U9
vj/0jPhakbSmnL9J5JLGqXqyCPi7q4/XySvIrkmR3+lGu/s3cYM=
-----END CERTIFICATE-----
```

```
crl_distribution_points        []
issuer_id                      b749e1e3-d2da-d666-8171-b64bd5e41902
issuer_name                    Vault_Book
issuing_certificates           []
key_id                         f48280a8-7ac4-195b-bea8-d1786f5a7602
leaf_not_after_behavior        err
manual_chain                   <nil>
ocsp_servers                   []
revocation_signature_algorithm SHA256WithRSA
revoked                        false
usage                          crl-signing,issuing-certificates,ocsp-signing,r
ead-only
```

Issuer名に、自己署名CA証明書の作成時に指定したissuer_nameが設定されていることを確認します。

GUIからも確認してみましょう。再度Overview画面を確認すると、Issuerが1件登録されていることがわかります。

図7.15: PKI Overview画面

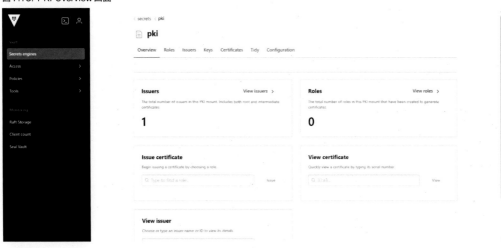

「Issuers」というタブに移動すると、先ほどコマンドで確認した通り、Vault_BookというIssuerが登録されていることがわかります。

図 7.16: PKI Issuer 画面

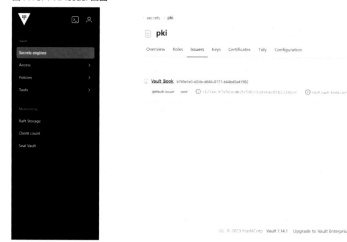

Vault_Book をクリックすると、設定の詳細を確認することができます。

図 7.17: PKI Issuer 詳細

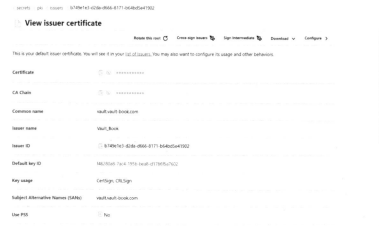

「Certificates」というタブでは、先ほど作成した自己署名 CA 証明書が登録されていることを確認することができます。

図7.18: PKI Cerficicate画面

　証明書をクリックすると、設定の詳細を確認したり、CA証明書のダウンロードを行うことができます。

図7.19: PKI Cerficicate詳細

　続いて、このルート認証局に対するロールを作成します。この後で中間認証局（ルート認証局に紐付く認証局）を作成する際、その都度指定のドメインから証明書の発行を許可する作業を省くため、任意のCommon Nameを用いた証明書の発行を許可する「allow_any_name=true」オプションを渡しています。

リスト7.8: ロールの作成

```
$ vault write pki/roles/Vault_Book allow_any_name=true
Key                                      Value
---                                      -----
allow_any_name                           true
```

```
[...]
```

　最後に、認証局及び証明書失効リスト(CRL)のエンドポイントのURLを設定します。先ほど確認した証明書が持つ情報の中にシリアル番号がありましたが、失効してしまった証明書に関するシリアル番号を確認する際に、この証明書失効リストは用いられます。

リスト7.9: CA及びCRLのURL設定

```
$ vault write pki/config/urls \
issuing_certificates="http://vault.vault-book.com:8200/v1/pki/ca" \
crl_distribution_points="http://vault.vault-book.com:8200/v1/pki/crl"
Key                        Value
---                        -----
crl_distribution_points    [http://vault.vault-book.com:8200/v1/pki/crl]
enable_templating          false
issuing_certificates       [http://vault.vault-book.com:8200/v1/pki/ca]
ocsp_servers               []
```

　以上で、ルート認証局の設定は終了です。

中間認証局の設定

　ここからは、中間認証局の設定をしていきます。中間認証局の中間を意味するIntermediateの最初の3文字であるintを使って、pki_intというパスを用いてPKI Service Engineを有効化したいと思います。

リスト7.10: PKI Secret Engineの有効化

```
$ vault secrets enable -path=pki_int pki
Success! Enabled the pki secrets engine at: pki_int/
```

　最大リースTTLは、ルート認証局で設定したものより短い値を設定します。

リスト7.11: 最大リースTTLの設定

```
$ vault secrets tune -max-lease-ttl=43800h pki_int
Success! Tuned the secrets engine at: pki_int/
```

　それでは、証明書を発行するためのCSRファイルを作成します。

リスト7.12: CSRファイルの作成

```
$ vault write -format=json pki_int/intermediate/generate/internal \
common_name="vault.vault-book.com" \
issuer_name="Vault_Book_Intermediate" \
```

```
| jq -r '.data.csr' > pki_intermediate.csr
```

　ルート認証局の秘密鍵を使用して、中間証明書に署名し、生成された証明書をintermediate.cert.pem
として保存します。このとき、指定するパスがpki_intではなく、pkiであることに注意してください。

リスト7.13: 中間証明書の作成
```
$ vault write -format=json pki/root/sign-intermediate \
issuer_ref="Vault_Book" \
csr=@pki_intermediate.csr \
format=pem_bundle ttl="43800h" \
| jq -r '.data.certificate' > intermediate.cert.pem
```

　このintermediate.cert.pemファイルの中には、ルート認証局と中間認証局の両方の証明書が格納
されています。
　CSRが署名され、ルートCAが証明書を生成すると、それはルートCA側に保存されます。

図7.20: PKI Cerficicate画面

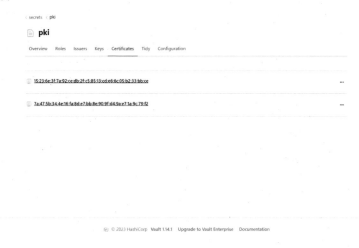

　これを、中間認証局側のパスにインポートし直します。

リスト7.14: 証明書のインポート
```
$ vault write pki_int/intermediate/set-signed certificate=@intermediate.cert.pem
WARNING! The following warnings were returned from Vault:

 * This mount hasn't configured any authority information access (AIA)
   fields; this may make it harder for systems to find missing certificates
   in the chain or to validate revocation status of certificates. Consider
   updating /config/urls or the newly generated issuer with this information.
```

```
Key                  Value
---                  -----
existing_issuers     <nil>
existing_keys        <nil>
imported_issuers     [10a32cec-072f-61ee-7b88-e247e0e9b144
701356cd-741e-f343-d4e7-e43233f73262]
imported_keys        <nil>
mapping              map[10a32cec-072f-61ee-7b88-e247e0e9b144:d72d5c89-2532-9b7e-5
cd0-7bb2abf732bc 701356cd-741e-f343-d4e7-e43233f73262:]
```

GUIを確認します。Secret Engines画面において、pki_intをクリックしてください。

図 7.21: PKI Overview 画面

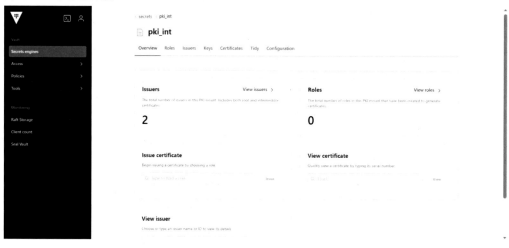

Issuerが2になっていることが確認できます。Issuresタブに移動します。

図 7.22: PKI Issuer 画面

ルート認証局と中間認証局が登録されていることが確認できます。そして、このパスでのデフォルトのIssuerは、中間認証局になっていることが確認できます。

それでは、この中間認証局から任意のサブドメインにおいて、vault-book.comに対する証明書を作成できるようなロールを作成します。先ほどとは違い、この中間認証局で管理するドメインを「allowed_domains」というオプションを用いて指定し、「allow_subdomains=true」を用いて指定したドメインに対して、サブドメインを含んだCommon Nameでの証明書発行を許可しています。なお、今回はNginxを用いた動作確認を行うため、パスをpki_int/roles/nginxとしています。

リスト7.15: ロールの作成

```
# vault write pki_int/roles/nginx \
issuer_ref="$(vault read -field=default pki_int/config/issuers)" \
allowed_domains="vault-book.com" \
allow_subdomains=true \
max_ttl="720h"
```

最後に、この中間認証局から証明書を発行します。

リスト7.16: Ngnix用の証明書の作成

```
$ vault write pki_int/issue/nginx common_name="nginx.vault-book.com" ttl="24h"
Key                Value
---                -----
ca_chain           [-----BEGIN CERTIFICATE-----
MIID2jCCAsKgAwIBAgIUekdbNE4W+o3nu46Qn9Sa5xqcefIwDQYJKoZIhvcNAQEL
BQAwHzEdMBsGA1UEAxMUdmF1bHQudmF1bHQtYm9vay5jb20wHhcNMjMwODA1MTMz
[...]
nsstWqpJ4FDxVKNaO071Rwyt2qSRucvyEZDsHpsLsqgvoXAKmN6xsiDXpH18sg6P
/4dZufqkBQKR9gIaYiQxLAo2mNZy73G15euQmHqQ
-----END CERTIFICATE----- -----BEGIN CERTIFICATE-----
MIIDUjCCAjqgAwIBAgIUFSNuP3qSztsvxYUTzeZsBbIzu84wDQYJKoZIhvcNAQEL
BQAwHzEdMBsGA1UEAxMUdmF1bHQudmF1bHQtYm9vay5jb20wHhcNMjMwODA1MTMy
[...]
wfV4yszDCK5G4Nfw6/sJsnXB3tkDAC83/fqXZ78yd234K1EPP9D5n1vbGHhB01U9
vj/0jPhakbSmnL9J5JLGqXqyCPi7q4/XySvIrkmR3+lGu/s3cYM=
-----END CERTIFICATE-----]
certificate        -----BEGIN CERTIFICATE-----
MIIDYDCCAkigAwIBAgIUa1KTtEwbr0vPzoYP3Sgqfbj4P0gwDQYJKoZIhvcNAQEL
BQAwHzEdMBsGA1UEAxMUdmF1bHQudmF1bHQtYm9vay5jb20wHhcNMjMwODA1MTMz
[...]
FWV+8HF0TmcIFLISvGNHQeaoOc43MVEcusQ6N2jakWUOUHIwUTIKx4f10Js6QkXQ
DZAV0R5mOo5/T4cIDjpURgMoBu+sTImbFF+eWPYSM1rbjNmR/PpDTXGw3iu/3QP2
klcEgA==
```

```
-----END CERTIFICATE-----
expiration              1691329183
issuing_ca              -----BEGIN CERTIFICATE-----
MIID2jCCAsKgAwIBAgIUekdbNE4W+o3nu46Qn9Sa5xqcefIwDQYJKoZIhvcNAQEL
BQAwHzEdMBsGA1UEAxMUdmF1bHQudmF1bHQtYm9vay5jb20wHhcNMjMwODA1MTMz
[...]
nsstWqpJ4FDxVKNaO071Rwyt2qSRucvyEZDsHpsLsqgvoXAKmN6xsiDXpH18sg6P
/4dZufqkBQKR9gIaYiQxLAo2mNZy73G15euQmHqQ
-----END CERTIFICATE-----
private_key             -----BEGIN RSA PRIVATE KEY-----
MIIEpQIBAAKCAQEAvE5gbFEaOjTQb5b/40TPYIKWzTICsq37aV/eklYgp5TkeeTh
w9GUPi2ShEWmoM09jCGrw5EgOfPfRgExeM8jOcyZ4zFCxXeXiFi3XoJsNeoQ0avo
[...]
S/nUsCClD2rn1q2tSzJhqZ1hlEbKHi6siKc56dpS213msUcXC22bNxxW7vuQVLCQ
vpUCNrDsLLSr6HS55GgmHb8tW762Z+ihPN6L7ebv2t5N9F3UbAHkGpg=
-----END RSA PRIVATE KEY-----
private_key_type        rsa
serial_number           6b:52:93:b4:4c:1b:af:4b:cf:ce:86:0f:dd:28:2a:7d:b8:f8:3f:48
```

　この出力の「certificate」と「private_key」を用いて、それぞれ tls.crt（証明書）と tls.key（秘密鍵）というファイルを作成します。

リスト7.17: tls.crt

```
-----BEGIN CERTIFICATE-----
MIIDYDCCAkigAwIBAgIUa1KTtEwbr0vPzoYP3Sgqfbj4P0gwDQYJKoZIhvcNAQEL
BQAwHzEdMBsGA1UEAxMUdmF1bHQudmF1bHQtYm9vay5jb20wHhcNMjMwODA1MTMz
[...]
FWV+8HF0TmcIFLISvGNHQeaoOc43MVEcusQ6N2jakWUOUHIwUTIKx4f10Js6QkXQ
DZAV0R5mOo5/T4cIDjpURgMoBu+sTImbFF+eWPYSM1rbjNmR/PpDTXGw3iu/3QP2
klcEgA==
-----END CERTIFICATE-----
```

リスト7.18: tls.key

```
-----BEGIN RSA PRIVATE KEY-----
MIIEpQIBAAKCAQEAvE5gbFEaOjTQb5b/40TPYIKWzTICsq37aV/eklYgp5TkeeTh
w9GUPi2ShEWmoM09jCGrw5EgOfPfRgExeM8jOcyZ4zFCxXeXiFi3XoJsNeoQ0avo
[...]
S/nUsCClD2rn1q2tSzJhqZ1hlEbKHi6siKc56dpS213msUcXC22bNxxW7vuQVLCQ
vpUCNrDsLLSr6HS55GgmHb8tW762Z+ihPN6L7ebv2t5N9F3UbAHkGpg=
-----END RSA PRIVATE KEY-----
```

　以上で、Vault 側の設定は以上です。

Nginx の SSL 設定

　ここからは Nginx を用いて、先ほど作成した証明書と秘密鍵による SSL 通信が行えることを確認していきます。なお、ここでは Nginx は Kubernetes 上にコンテナとしてデプロイします。

　はじめに、tls.crt と tls.key を含む Secret を作成します。

リスト 7.19: Secret の作成

```
$ kubectl create secret tls nginx-tls-secret --cert=tls.crt --key=tls.key
secret/nginx-tls-secret created
```

　続いて、Nginx で SSL 通信を行うための設定ファイルを ConfigMap として作成します。次のマニフェストを用意します。

リスト 7.20: ssl-config.yaml

```
apiVersion: v1
kind: ConfigMap
metadata:
  name: ssl-config
data:
  ssl.conf: |-
    server{
      listen 443 ssl;
      ssl_certificate     /etc/nginx/ssl/tls.crt;
      ssl_certificate_key /etc/nginx/ssl/tls.key;

      location / {
        root   /usr/share/nginx/html;
        index  index.html index.htm;
      }
    }
```

　マニフェストを用いて ConfigMap を作成します。

リスト 7.21: ConfigMap の作成

```
$ kubectl apply -f ssl-config.yaml
configmap/ssl-config created
```

　最後に、先ほど作成した Secret と ConfigMap を用いて、Nginx の Pod と Service を作成します。次のマニフェストを用意します。

```yaml
---
apiVersion: v1
kind: Pod
metadata:
  name: nginx-ssl
  labels:
    app: nginx-ssl
spec:
  containers:
  - name: nginx-ssl
    image: nginx
    volumeMounts:
    - name: ssl-config
      mountPath: /etc/nginx/conf.d/ssl.conf
      subPath: ssl.conf
    - name: tls
      mountPath: /etc/nginx/ssl
  volumes:
  - name: ssl-config
    configMap:
      name: ssl-config
  - name: tls
    secret:
      secretName: nginx-tls-secret

---
apiVersion: v1
kind: Service
metadata:
  name: nginx-ssl
spec:
  selector:
    app: nginx-ssl
  ports:
  - port: 443
    targetPort: 443
    protocol: TCP
    name: https
```

マニフェストを用いて、PodとServiceを作成します。

リスト7.23: PodとServiceの作成

```
$ kubectl apply -f nginx-ssl.yaml
pod/nginx-ssl created
service/nginx-ssl created

$ kubectl get pod nginx-ssl
NAME         READY   STATUS    RESTARTS   AGE
nginx-ssl    1/1     Running   0          27m

$ kubectl get svc nginx-ssl
NAME         TYPE        CLUSTER-IP       EXTERNAL-IP   PORT(S)   AGE
nginx-ssl    ClusterIP   10.105.102.207   <none>        443/TCP   27m
```

作成したServiceをポートフォワードにより外部公開します。

リスト7.24: ポートフォワードによるNginxの外部公開

```
$ kubectl port-forward service/nginx-ssl 8443:443
Forwarding from 127.0.0.1:8443 -> 443
Forwarding from [::1]:8443 -> 443
```

それでは、minikubeを実行している端末のブラウザーからNginxにHTTPSでアクセスしてみましょう。確認を行う際は「https://nginx.vault-book.com:8443」というURLにアクセスする必要があるため、事前に「nginx.vault-book.com」というホスト名で127.0.0.1が名前解決できるように、/etc/hostsに設定を追加しておいてください。また、このままアクセスを行うとブラウザーのセキュリティーの警告が表示されるため、事前に中間認証局の証明書を使用するブラウザーの信頼する証明書に追加しておいてください。こうすることでこの警告を回避することができます。実際にブラウザーからアクセスしてみると、以下のようにNginxデフォルトのページが表示されることが確認できます。

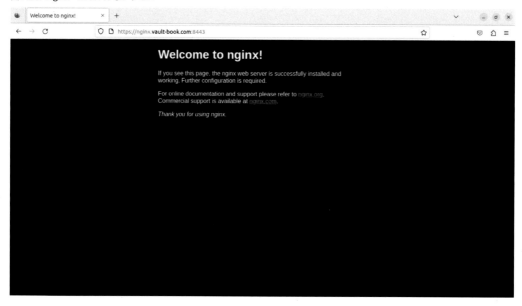

7.3　cert-managerからの利用

　ここからはcert-manager[1]という、Kubernetes クラスタ上でTLS証明書をカスタムリソースを用いてシンプルに扱うことのできるツールを用いて、証明書を発行する方法を解説します。

Vaultの設定

　まずはVaultにログインします。

リスト7.25: Vault へのログイン

```
$ kubectl exec -n vault -it vault-0 -- /bin/sh
$ vault login <Root Token>
```

　先ほどと同様にPKI Secret Engine を有効化し、最大リース TTL を設定します。

リスト7.25: PKI Secret Engine の有効化及び最大リース TTL の設定

```
$ vault secrets enable -path=pki_k8s pki
Success! Enabled the pki secrets engine at: pki_k8s/

$ vault secrets tune -max-lease-ttl=8760h pki_k8s
Success! Tuned the secrets engine at: pki_k8s/
```

　次に、自己署名CA証明書と秘密鍵を作成します。

1.https://cert-manager.io

リスト 7.26: 自己署名 CA 証明書と秘密鍵の作成

```
$ vault write pki_k8s/root/generate/internal \
common_name=vault.vault.svc.cluster.local \
ttl=8760h
```

認証局及び証明書失効リスト (CRL) のエンドポイントの URL を設定します。

リスト 7.27: CA 及び CRL の URL 設定

```
$ vault write pki_k8s/config/urls \
issuing_certificates="http://vault.vault.svc.cluster.local:8200/v1/pki_k8s/ca" \
crl_distribution_points="http://vault.vault.svc.cluster.local:8200/v1/pki_k8s/crl"
Key                        Value
---                        -----
crl_distribution_points    [http://vault.vault.svc.cluster.local:8200/v1/pki_k8s/
crl]
enable_templating          false
issuing_certificates       [http://vault.vault.svc.cluster.local:8200/v1/pki_k8s/
ca]
ocsp_servers               []
```

任意のサブドメインにおいて vault-book.com ドメインに対する証明書を作成できるよう、vault-book-com という名前のロールを設定します。

リスト 7.28: ロールの作成

```
$ vault write pki_k8s/roles/vault-book-com \
key_type=any \
allowed_domains=vault-book.com \
allow_subdomains=true \
max_ttl=72h
```

Kubernetes の Service Account に対して証明書の発行や署名をする際に使用するパスへの読み取りアクセスを許可するため、pki という名前のポリシーを作成します。

リスト 7.29: ポリシーの作成

```
$ vault policy write pki_k8s - <<EOF
path "pki_k8s*"                    { capabilities = ["read", "list"] }
path "pki_k8s/sign/vault-book-com" { capabilities = ["create", "update"] }
path "pki_k8s/issue/vault-book-com" { capabilities = ["create"] }
EOF
Success! Uploaded policy: pki_k8s
```

最後に、Kubernetes上のissuerというService Accountとポリシーをバインドする、issuerという名前のKubernetes認証ロールを作成します。ここではKubernetes Auth Methodが設定されていることを前提としているため、設定を行っていない場合はChapter3を参考に設定を行ってから進めてください。なお、Kubernetes上でのService Account (issuer)の作成は後ほど実施します。

リスト 7.30: Kubernetes Auth Method ロールの作成

```
$ vault write auth/kubernetes/role/issuer \
bound_service_account_names=issuer \
bound_service_account_namespaces=default \
policies=pki_k8s \
ttl=20m
Success! Data written to: auth/kubernetes/role/issuer
```

以上で、Vault側の設定は以上となります。

cert-manager の設定

ここからは、cert-managerを用いて証明書を発行を行うために必要な設定を行っていきます。

最初に、cert-managerを公式の手順[2]を元にデプロイします。

リスト 7.31: cert-manager のデプロイ

```
$ kubectl apply -f https://github.com/cert-manager/cert-manager/releases/download
/v1.12.0/cert-manager.yaml

$ kubectl get pods -n cert-manager
NAME                                         READY   STATUS    RESTARTS   AGE
cert-manager-655c4cf99d-m92gv                1/1     Running   0          70s
cert-manager-cainjector-845856c584-m5jlk     1/1     Running   0          70s
cert-manager-webhook-57876b9fd-vpxgm         1/1     Running   0          70s
```

証明書を発行するために利用するService Accountを作成します。

リスト 7.32: Service Account の作成

```
$ kubectl create sa -n default issuer
serviceaccount/issuer created

$ kubectl get sa -n default
NAME      SECRETS   AGE
default   0         174d
issuer    0         12s
```

2.https://cert-manager.io/docs/installation/

cert-managerがKubernetes Auth Methodを利用してVaultに認証するための方法は、大きく分けてふたつ[3]あります。

・シークレットレス認証

・静的Service Accountトークン認証

今回は、前者の方式を用いて証明書を発行します。この方式では、cert-managerがトークンを生成することができるよう、Kubernetes上でRoleとRoleBindingを作成する必要があります。今回は、以下のようなRole及びRoleBindingを作成します。

リスト7.33: role-binding.yaml

```yaml
---
apiVersion: rbac.authorization.k8s.io/v1
kind: Role
metadata:
  name: vault-issuer
  namespace: default
rules:
  - apiGroups: ['']
    resources: ['serviceaccounts/token']
    resourceNames: ['issuer']
    verbs: ['create']
---
apiVersion: rbac.authorization.k8s.io/v1
kind: RoleBinding
metadata:
  name: vault-issuer
  namespace: default
subjects:
  - kind: ServiceAccount
    name: cert-manager
    namespace: cert-manager
roleRef:
  apiGroup: rbac.authorization.k8s.io
  kind: Role
  name: vault-issuer
```

このマニフェストを適用します。

3.https://cert-manager.io/docs/configuration/vault/#authenticating

```
$ kubectl apply -f role-binding.yaml
role.rbac.authorization.k8s.io/vault-issuer created
rolebinding.rbac.authorization.k8s.io/vault-issuer created
```

次に、Issuer[4]というcert-managerのカスタムリソースを用いて、証明書を発行する元となる認証局を登録します。

以下のようなマニフェストを作成します。

リスト7.35: issuer.yaml

```
apiVersion: cert-manager.io/v1
kind: Issuer
metadata:
  name: vault-issuer
  namespace: default
spec:
  vault:
    server: http://vault.vault.svc.cluster.local:8200    # 証明書を発行するvaultのURL
    path: pki_k8s/sign/vault-book-com                     # <PKI Secret Engineを有効
化したパス>/sign/<証明書作成のRole名>
    auth:
      kubernetes:
        role: issuer                                      # Kubernetes Auth Method
に対するRole名
        mountPath: /v1/auth/kubernetes
        serviceAccountRef:
          name: issuer                                    # Kubernetes Auth Method
に用いるService Account名
```

このマニフェストを適用します。適用が完了したら、READYという項目がTrueになっていることを確認してください。

リスト7.36: issuer.yaml の適用

```
$ kubectl apply -f issuer.yaml
issuer.cert-manager.io/vault-issuer created

$ kubectl get issuer -n default
NAME           READY   AGE
vault-issuer   True    26s
```

4.https://cert-manager.io/docs/concepts/issuer/

最後に、Certificate[5]というcert-managerのカスタムリソースを用いて証明書を発行します。

以下のようなマニフェストを作成します。後ほどIngressを用いたHTTPSアクセスを検証する際のホスト名としてexample.vault-book.comを使用するため、ここではcommonNameやdnsNamesで該当の値を指定しています。

リスト7.37: certificate.yaml

```
apiVersion: cert-manager.io/v1
kind: Certificate
metadata:
  name: vault-book-com
  namespace: default
spec:
  secretName: vault-book-com-tls        # このリソースによって作成される証明書の情報を持
つSecretリソース名
  issuerRef:
    name: vault-issuer                   # 紐付けるIssuerの名前
  commonName: example.vault-book.com     # Subject Common Name
  dnsNames:
  - example.vault-book.com
```

このマニフェストを適用します。適用が完了したら、READYという項目がTrueになっていることを確認してください。また、secretNameで指定した名前のSecretリソースが作成されていることも併せて確認します。

リスト7.38: certificate.yamlの適用

```
$ kubectl apply -f certificate.yaml
certificate.cert-manager.io/vault-book-com created

$ kubectl get certificate -n default
NAME            READY    SECRET              AGE
vault-book-com  True     vault-book-com-tls  69s

$ kubectl get secret -n default
NAME                 TYPE                 DATA    AGE
vault-book-com-tls   kubernetes.io/tls    3       112s
```

Certificateリソースの適用を行うと、secretNameで指定したvault-book-com-tlsという名前のSecretが作成されます。このSecretの中には、発行された証明書や秘密鍵が格納されています。それでは、Secretの中身を確認してみましょう。

5.https://cert-manager.io/docs/concepts/certificate/

リスト7.39: Secret リソースの確認

```
$ kubectl describe secret vault-book-com-tls -n default
Name:         vault-book-com-tls
Namespace:    default
Labels:       controller.cert-manager.io/fao=true
Annotations:  cert-manager.io/alt-names: example.vault-book.com
              cert-manager.io/certificate-name: vault-book-com
              cert-manager.io/common-name: example.vault-book.com
              cert-manager.io/ip-sans:
              cert-manager.io/issuer-group:
              cert-manager.io/issuer-kind: Issuer
              cert-manager.io/issuer-name: vault-issuer
              cert-manager.io/uri-sans:


Type:  kubernetes.io/tls


Data
====
ca.crt:   1249 bytes
tls.crt:  1468 bytes
tls.key:  1679 bytes
```

opensslコマンドを用いて、tls.crtの内容を確認します。このとき、Subject CNがCertificate リソースのcommonNameで指定した「example.vault-book.com」となっていることを確認します。また、Issuer CNにVaultのCA証明書に設定した「vault.vault.svc.cluster.local」が設定されていることを確認します。

リスト7.40: openssl コマンドを用いた CA 証明書の確認

```
$ kubectl get secret vault-book-com-tls -o jsonpath='{.data.tls\.crt}' -n default
|base64 -d > vault-book-com-tls.crt
$ openssl x509 -text -noout -in vault-book-com-tls.crt
Certificate:
    Data:
        Version: 3 (0x2)
        Serial Number:
            33:01:73:0a:80:35:2c:8f:dc:fc:77:f4:0c:84:6f:00:48:f8:d6:91
        Signature Algorithm: sha256WithRSAEncryption
        Issuer: CN = vault.vault.svc.cluster.local
        [...]
        Subject: CN = example.vault-book.com
        Subject Public Key Info:
```

```
        Public Key Algorithm: rsaEncryption
    [...]
```

Ingressを用いたHTTPSアクセス

　今回はNginx Ingress Controller[6]を用いて、Kubernetes上でIngressリソースを扱えるようにします。

　まずは、Nginx Ingress Controllerをデプロイします。この際service/ingress-nginx-controllerのPORT(S)に443:<NodePort>/TCPという表示がされていることを確認し、<NodePort>の値(ここでは32354)を控えておいてください。

リスト7.41: Nginx Ingress Controller のデプロイ

```
$ helm upgrade --install ingress-nginx ingress-nginx \
--repo https://kubernetes.github.io/ingress-nginx \
--namespace ingress-nginx --create-namespace

$ kubectl get pod,svc -n ingress-nginx
NAME                                          READY   STATUS    RESTARTS   AGE
pod/ingress-nginx-controller-7687f9d45-9cpzg  1/1     Running   0          13m


NAME                                   TYPE           CLUSTER-IP
EXTERNAL-IP    PORT(S)                 AGE
service/ingress-nginx-controller       LoadBalancer   10.96.255.169
<pending>      80:32010/TCP,443:32354/TCP   13m
service/ingress-nginx-controller-admission   ClusterIP   10.96.122.26
<none>         443/TCP                 13m
```

　Ingressを用いてアプリケーションを外部に公開する場合、クライアントはingress-nginx-controllerのServiceからingress-nginx-controllerのPodを経由して、背後にあるアプリケーションのServiceおよびPodにHTTPSでアクセスすることになります(この際、HTTPSの終端はingress-nginx-controllerになります)。

　それでは、今回検証をするためのアプリケーションを作成します。

リスト7.42: テストアプリケーションのデプロイ

```
$ kubectl create deployment web --image=gcr.io/google-samples/hello-app:1.0 -n
default
deployment.apps/web created

$ kubectl expose deployment web --port=8080
```

6.https://www.nginx.co.jp/products/nginx-ingress-controller/

```
service/web exposed

$ kubectl get pods,svc -n default
NAME                         READY   STATUS    RESTARTS   AGE
pod/web-84fb9498c7-6xfjm     1/1     Running   0          101s


NAME                  TYPE        CLUSTER-IP     EXTERNAL-IP   PORT(S)    AGE
service/kubernetes    ClusterIP   10.96.0.1      <none>        443/TCP    167d
service/web           ClusterIP   10.96.28.23    <none>        8080/TCP   32s
```

Ingressを用いて特定のHost名でアクセスができるよう、hostsファイルにNodeのIPとホスト名を登録しておきます。なお、NodeのIPは「minikube ip」コマンドで確認できます。

リスト7.43: hosts ファイルの設定

```
$ sudo vi /etc/hosts
<Node IP> example.vault-book.com
```

以下のようなIngressリソースのマニフェストを用意します。secretNameにて先ほどcert-managerによって作成されたSecret名を指定することで、HTTPS通信に使用する証明書および秘密鍵を設定することができます。

リスト7.44: ingress-cm.yaml

```
apiVersion: networking.k8s.io/v1
kind: Ingress
metadata:
  name: example-ingress
  namespace: default
  annotations:
spec:
  ingressClassName: nginx
  tls:
  - hosts:
    - example.vault-book.com
    secretName: vault-book-com-tls
  rules:
  - host: example.vault-book.com
    http:
      paths:
      - path: /
        pathType: Prefix
        backend:
```

```
      service:
        name: web
        port:
          number: 8080
```

それでは、このマニフェストを適用します。

リスト7.45: ingress-cm.yaml の適用

```
$ kubectl apply -f ingress-cm.yaml
ingress.networking.k8s.io/example-ingress created

$ kubectl get ingress -n default
NAME              CLASS    HOSTS                     ADDRESS   PORTS     AGE
example-ingress   <none>   example.vault-book.com              80, 443   19s
```

　適用が完了すると、Ingressに対応するホスト名が払い出されます。このホスト名を用いて ingress-nginx-controllerにアクセスを行うことで、backendとして指定したアプリケーションの Serviceにアクセスすることができます。

　それでは、curlコマンドを用いてHTTPSアクセスを行ってみましょう。今回は example.vault-book.comでNodeのIPを名前解決できるよう、hostsファイルへの追記を行っ ています。また、ingress-nginx-controllerのServiceは443ポートに紐づくNodePortを公開してい るため、そこに対してアクセスを行います。

リスト7.46: curl を用いた HTTPS アクセス

```
$ curl -kv https://example.vault-book.com:<NodePort>
[...]
* Server certificate:
*   subject: CN=example.vault-book.com
*   start date: Aug 11 11:00:30 2023 GMT
*   expire date: Aug 14 11:01:00 2023 GMT
*   issuer: CN=vault.vault.svc.cluster.local
*   SSL certificate verify result: unable to get local issuer certificate (20),
continuing anyway.
[...]
<
Hello, world!
Version: 1.0.0
Hostname: web-84fb9498c7-6xfjm
* TLSv1.2 (IN), TLS header, Supplemental data (23):
* Connection #0 to host example.vault-book.com left intact
```

「Hello, world!」と表示されれば、無事HTTPSでのアクセスができたことが確認できたことになります。また、Server certificateのsubjectに「example.vault-book.com」と表示されていることから、cert-managerによって発行された証明書が適用されていることも確認できます。

7.4　Vault Secrets Operatorからの利用

ここからは、Vault Secrets Operatorから証明書を発行する方法を解説します。PKIについては、先ほど作成したpki_k8sを利用します。

Vaultの設定

証明書を作成するためのRoleを作成します。

リスト7.47: ロールの作成

```
$ vault write pki_k8s/roles/vault-book-com-vso \
allowed_domains=vault-book.com \
allow_subdomains=true \
max_ttl=72h
```

次に、Kubernetes Auth Methodを介してのアクセスに対するポリシーを作成します。ここで「pki_k8s/revoke」というパスに対してUpdateのCapabilityを許可していますが、これはVault Secrets Operatorのカスタムリソース削除時に、Vault上の証明書を無効化する処理を有効化するためのものです。

リスト7.48: ポリシーの作成

```
$ vault policy write pki-vso - <<EOF
path "pki_k8s*"                          { capabilities = ["read", "list"] }
path "pki_k8s/revoke"                    { capabilities = ["update"] }
path "pki_k8s/sign/vault-book-com-vso"   { capabilities = ["create", "update"] }
path "pki_k8s/issue/vault-book-com-vso"  { capabilities = ["create", "update"] }
EOF
Success! Uploaded policy: pki-vso
```

最後にKubernetes Auth Methodのロールを作成し、Service Account、Namespace、そしてポリシーの紐付けを行います。

リスト7.49: Kubernetes Auth Methodロールの作成

```
$ vault write auth/kubernetes/role/issuer-vso \
bound_service_account_names=issuer-vso \
bound_service_account_namespaces=default \
policies=pki-vso \
ttl=20m
```

```
Success! Data written to: auth/kubernetes/role/issuer-vso
```

以上で、Vaultに対する設定は完了です。

Vault Secrets Operatorのカスタムリソースの作成

まずはじめに、今回使用するService Accountを作成します。

リスト7.50: Service Accountの作成

```
$ kubectl create sa -n default issuer-vso
serviceaccount/issuer created

$ kubectl get sa -n default
NAME          SECRETS   AGE
default       0         174d
issuer        0         7d12h
issuer-vso    0         9s
```

次に、VaultConnectionのマニフェストを用意します。

リスト7.51: pki-vault-connection.yaml

```
apiVersion: secrets.hashicorp.com/v1beta1
kind: VaultConnection
metadata:
  name: pki-vault-connection
  namespace: default
spec:
  address: http://vault.vault.svc.cluster.local:8200
```

用意したVaultConnectionのマニフェストを適用します。

リスト7.52: VaultConnectionの適用

```
$ kubectl apply -f pki-vault-connection.yaml
vaultconnection.secrets.hashicorp.com/pki-vault-connection created

$ kubectl get vaultconnection -n default
NAME                    AGE
pki-vault-connection    30s
```

続いて、Vault Secrets OperatorがPKI Secret Engineにアクセスができるよう、「issuer-vso」というロール及び「issuer-vso」というServic Accountを指定したVaultAuthのマニフェストを用意します。

リスト7.53: pki-vault-auth.yaml

```
apiVersion: secrets.hashicorp.com/v1beta1
kind: VaultAuth
metadata:
  name: pki-vault-auth
  namespace: default
spec:
  vaultConnectionRef: pki-vault-connection
  method: kubernetes
  mount: kubernetes
  kubernetes:
    role: issuer-vso
    serviceAccount: issuer-vso
```

用意したVaultAuthのマニフェストを適用します。

リスト7.54: VaultAuthの適用

```
$ kubectl apply -f pki-vault-auth.yaml
vaultauth.secrets.hashicorp.com/pki-vault-auth created

$ kubectl get vaultauth -n default
NAME            AGE
pki-vault-auth  7s
```

　それでは、Vaultから証明書を発行するためのVaultPKISecretというVault Secrets Operatorの
カスタムリソースを用いて、実際に証明書を発行してみましょう。VaultPKISecretのマニフェスト
を用意します。

リスト7.55: pki-vault-secret.yaml

```
apiVersion: secrets.hashicorp.com/v1beta1
kind: VaultPKISecret
metadata:
  name: pki-vault-secret
  namespace: default
spec:
  vaultAuthRef: pki-vault-auth
  mount: pki_k8s                             # PKI Secret Engineを有効化したパス
  role: vault-book-com-vso                   # 証明書の発行に対するロール
  commonName: example-vso.vault-book.com     # Subject common Name
  format: pem                                # 証明書のフォーマット
  expiryOffset: 30s                          # 失効する日時に対するオフセット
```

```
  ttl: 720h                        # 証明書のTTL
  revoke: true                     # VaultPKISecretリソース削除時に証明書を
無効化するかどうか
  clear: true                      # VaultPKISecretリソース削除時にSecret
リソースを削除するかどうか
  destination:
    create: true
    name: vso-vault-book-com-tls
```

用意したVaultPKISecretのマニフェストを適用します。

リスト7.56: VaultStaticSecretの適用

```
$ kubectl apply -f pki-vault-secret.yaml
vaultpkisecret.secrets.hashicorp.com/pki-vault-secret created

$ kubectl get vaultpkisecret -n default
NAME               AGE
pki-vault-secret   12s

$ kubectl get secrets -n default
NAME                     TYPE                 DATA   AGE
vault-book-com-tls       kubernetes.io/tls    3      44h
vso-vault-book-com-tls   Opaque               7      35s
```

VaultPKISecretを作成すると、spec.destination.nameで指定した名前でSecretが作成されます。作成されたSecretの中身を確認すると、証明書の他にシリアルナンバーや有効期限などの情報が含まれていることが確認できます。

リスト7.57: Secretリソースの確認

```
$ kubectl describe secret vso-vault-book-com-tls -n default
Name:          vso-vault-book-com-tls
Namespace:     default
Labels:        app.kubernetes.io/component=secret-sync
               app.kubernetes.io/managed-by=hashicorp-vso
               app.kubernetes.io/name=vault-secrets-operator
               secrets.hashicorp.com/vso-ownerRefUID=21fe30f0-4ac7-43ab-8502-60ad6e
6a275a
Annotations:   <none>


Type:  Opaque
```

```
Data
====
certificate:           1467 bytes
expiration:            10 bytes
issuing_ca:            1248 bytes
private_key:           1678 bytes
private_key_type:      3 bytes
serial_number:         59 bytes
_raw:                  4640 bytes
```

　Secretに含まれる証明書の中身をopensslコマンドを用いて確認します。このとき、Subject CN
が今回VaultPKISecretリソースにおいて指定したexample-vso.vault-book.comとなっていることを
確認します。

リスト7.58: opensslコマンドを用いたCA証明書の確認

```
$ kubectl get secret vso-vault-book-com-tls -n default -o
jsonpath='{.data.certificate}' | base64 -d > vso-vault-book-com-tls.crt
$ openssl x509 -text -noout -in vso-vault-book-com-tls.crt
Certificate:
    Data:
        Version: 3 (0x2)
        Serial Number:
            24:e8:07:36:0d:bd:49:e9:0e:b1:db:8d:3a:75:e2:cb:42:84:da:48
        Signature Algorithm: sha256WithRSAEncryption
        Issuer: CN = vault.vault.svc.cluster.local
        [...]
        Subject: CN = example-vso.vault-book.com
        Subject Public Key Info:
        [...]
```

　以上で、Vault Secrets Operatorを用いた証明書の発行が完了しました。

Ingressを用いたHTTPSアクセス

　先ほど作成した証明書のSecretリソースのタイプは「Opaque」でした。これは、Vault Secrets
Operatorを用いて作成するSecretリソースのタイプのデフォルト値が「Opaque」であるためです。
　しかし、この状態では、Ingressのtls設定に指定しても適用がされません。Vault Secrets Operator
では、Kubernetesにおいて利用することができるSecretタイプ[7]の任意の値に変更することができ
るようパラメータが用意されているため、VaultPKISecretリソースを修正し、再度Secretの作成を

7.https://kubernetes.io/docs/concepts/configuration/secret/#secret-types

行います。

　以下のように、.spec.destinationの下に、「type: kubernetes.io/tls」を追加したVaultPKISecretの
マニフェストを用意します。

リスト7.59: pki-vault-secret-tls.yaml
```yaml
apiVersion: secrets.hashicorp.com/v1beta1
kind: VaultPKISecret
metadata:
  name: pki-vault-secret
  namespace: default
spec:
  vaultAuthRef: pki-vault-auth
  mount: pki_k8s
  role: vault-book-com-vso
  commonName: example-vso.vault-book.com
  format: pem
  expiryOffset: 30s
  ttl: 720h
  revoke: true
  clear: true
  destination:
    create: true
    name: vso-vault-book-com-tls
    type: kubernetes.io/tls
```

　ここでは、VaultPKISecretから作成されるSecretタイプを変更したいため、先ほど作成した
VaultPKISecretを一度削除します。その上で用意したマニフェストを適用します。

リスト7.60: VaultStaticSecretの適用
```
$ kubectl delete VaultPKISecret pki-vault-secret
vaultpkisecret.secrets.hashicorp.com "pki-vault-secret" deleted

$ kubectl apply -f pki-vault-secret-tls.yaml
vaultpkisecret.secrets.hashicorp.com/pki-vault-secret created

$ kubectl get secret -n default
NAME                    TYPE                 DATA   AGE
vault-book-com-tls      kubernetes.io/tls    3      2d13h
vso-vault-book-com-tls  kubernetes.io/tls    9      12s
```

　Secretが作成されたことを確認したら、その中身を確認します。すると、「tls.crt」と「tls.key」
のふたつが追加されたことが確認できます。

```
$ kubectl describe secret vso-vault-book-com-tls -n default
Name:         vso-vault-book-com-tls
Namespace:    default
Labels:       app.kubernetes.io/component=secret-sync
              app.kubernetes.io/managed-by=hashicorp-vso
              app.kubernetes.io/name=vault-secrets-operator
              secrets.hashicorp.com/vso-ownerRefUID=1cdf8bea-24f5-450b-a2e0-3697e
df58f17
Annotations:  <none>

Type:  kubernetes.io/tls

Data
====
tls.crt:           2716 bytes
tls.key:           1678 bytes
_raw:              4640 bytes
certificate:       1467 bytes
serial_number:     59 bytes
private_key_type:  3 bytes
expiration:        10 bytes
issuing_ca:        1248 bytes
private_key:       1678 bytes
```

　それでは、Nginx Ingress Controllerを用いて確認を行ってみましょう。Ingressを作成する際に、secretNameで先ほど作成されたSecret名を指定した以下のマニフェストを用意します。

リスト7.62: ingress-vso.yaml

```
apiVersion: networking.k8s.io/v1
kind: Ingress
metadata:
  name: example-ingress
  namespace: default
spec:
  ingressClassName: nginx
  tls:
  - hosts:
    - example-vso.vault-book.com
    secretName: vso-vault-book-com-tls
  rules:
```

```
  - host: example-vso.vault-book.com
    http:
      paths:
      - path: /
        pathType: Prefix
        backend:
          service:
            name: web
            port:
              number: 8080
```

用意したIngressのマニフェストを適用します。

リスト7.63: ingress-vso.yamlの適用

```
$ kubectl apply -f ingress-vso.yaml
ingress.networking.k8s.io/example-ingress configured


$  kubectl get ingress -n default
NAME              CLASS     HOSTS                        ADDRESS   PORTS      AGE
example-ingress   <none>    example-vso.vault-book.com             80, 443    7d13h
```

Ingressを用いて「example-vso.vault-book.com」というHost名でアクセスができるよう、hosts
ファイルにNodeのIPとホスト名を登録しておきます。

リスト7.64: hostsファイルの設定

```
$ sudo vi /etc/hosts
<Node IP> example-vso.vault-book.com
```

それでは、curlコマンドを用いてHTTPSアクセスを行ってみましょう。

リスト7.65: curlを用いたHTTPSアクセス

```
$ curl -kv https://example-vso.vault-book.com:<NodePort>
[...]
* Server certificate:
*  subject: CN=example-vso.vault-book.com
*  start date: Aug 14 00:18:14 2023 GMT
*  expire date: Aug 17 00:18:43 2023 GMT
*  issuer: CN=vault.vault.svc.cluster.local
*  SSL certificate verify result: self-signed certificate in certificate chain
(19), continuing anyway.
[...]
```

```
<
Hello, world!
Version: 1.0.0
Hostname: web-84fb9498c7-6xfjm
* Connection #0 to host example-vso.vault-book.com left intact
```

　無事HTTPSでのアクセスができたことが確認できました。また、Server certificateには、今回のVaultPKISecretリソースにおいて指定したCommon Nameである「example-vso.vault-book.com」がsubjectのCNに表示されているので、Vault Secret Operatorによって取得した証明書が適用されていることが確認できました。

Ingress に Opaque の Secret を指定した場合

　Opaqueタイプの Secret を指定して Ingress を作成した場合、今回利用している Nginx Ingress Controller においては Issuer および Subject の Common Name が「Kubernetes Ingress Controller Fake Certificate」となっていることが確認できます (この挙動は Ingress コントローラーによって変わります)。

リスト 7.66: curl を用いた HTTPS アクセス

```
$ curl -kv https://example-vso.vault-book.com:<NodePort>
[...]
* Server certificate:
*  subject: O=Acme Co; CN=Kubernetes Ingress Controller Fake Certificate
*  start date: Aug  9 07:31:09 2023 GMT
*  expire date: Aug  8 07:31:09 2024 GMT
*  issuer: O=Acme Co; CN=Kubernetes Ingress Controller Fake Certificate
*  SSL certificate verify result: self-signed certificate (18), continuing
anyway.
[...]
<
Hello, world!
Version: 1.0.0
Hostname: web-84fb9498c7-6xfjm
* TLSv1.2 (IN), TLS header, Supplemental data (23):
* Connection #0 to host example-vso.vault-book.com left intact
```

第8章　セキュアなVaultユーザーの管理

　GUIのログイン画面を見ると、Vaultには多様なログイン方法が存在することがわかると思います。この他にもVaultでは、Kubernetesやパブリッククラウドなどのここには書かれていないような各種プラットフォームから独自の認証を用いてアクセスすることができるようにもなっています。

図8.1: Vault Auth Method

　Vaultを作成したタイミングでは、Root Tokenを用いたログイン方法のみが有効な状態になっています。しかし万一Root Tokenが漏洩してしまった場合、Vaultに格納されている全ての情報にアクセスすることが可能となってしまいます。このようなリスクを防ぐためには、ログイン方法としてRoot Token以外の方法を用いる必要があります。

　本章ではRoot Token以外によるログイン方法の例として、OpenID Connectによる認証について解説します。

8.1　OpenID Connect

　OpenID Connect(以下、OIDCという)は、アプリケーション等を利用する際の認証を容易にするためのプロトコルです。OIDCと似たものにOAuth2.0というものがあります。

　たとえば、銀行の口座アプリをイメージしてみてください。口座アプリから銀行残高を参照するためには、口座アプリを利用するユーザーに対して銀行残高というリソースへのアクセスを許可する必要があります。このように、特定のリソースに対するアクセスを許可することを認可と呼び、

認可の仕組みを標準化したのがOAuth2.0というプロトコルです。

OAuth2.0のフローでは認可に必要なアクセストークンや認可コードといった情報がやりとりされますが、それに加えて認証結果を示すIDトークンや属性情報といった情報を受け渡すことで、認証にも利用できるようOAuth2.0を拡張したものがOIDCです。

以下は、OIDCの簡単なフローです。

図8.2: OIDCフロー

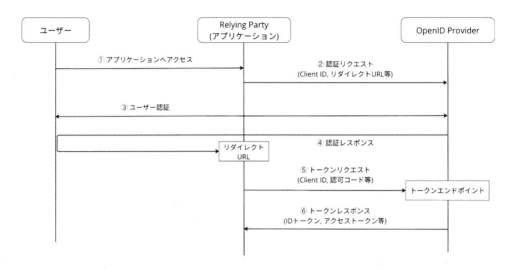

ここでは、ユーザー、アプリケーション(Relying Party)、そして認証認可の仕組みを提供するOpenID Providerの3者のやり取りについて解説します。

1．まずユーザーはRelying Partyにアクセスをします。

2．OIDCによる認証を指定すると、Relying Partyは事前に設定されたOpenID Providerに認証リクエストを送信します。

3．OpenID Providerからユーザーに対して認証画面等による認証要求が行われるため、ユーザーはID/パスワード等による認証を行い、Relying PartyとOpenID Providerが連携することに同意します。

4．OpenID Providerは、Relying Partyからの認証リクエストに含まれるリダイレクトURLをユーザーに返し、ユーザーはブラウザーを通してそのURLにアクセスをします。

5．Relying Partyは、認可コードやClient IDといった認証情報を、OpenID Provider上のトークンエンドポイントに送り、IDトークンなどの情報を要求します。

6．OpenID Providerは、Relying Partyに対してIDトークンやアクセストークンといった認証情報を返し、認証が完了します。

以下ではこのOIDCの仕組みを用いて、Vaultではどのように認証を行うか解説します。

8.2 OpenID Connect Auth Method

Vaultには、OIDCを利用したOIDC Auth Method[1]というログイン方法があります。以下では
Keycloak[2]というOSSを利用して独自にOpenID Providerを用意し、OIDC Auth Methodを用いて
Vaultにログインする方法を解説します。

なおこの章の検証では、Keycloakにブラウザーからアクセス可能なVaultのURLを設定する必要が
あるため、事前にVaultのService TypeをNodePortに変更し、http://<Node IP>:<Node Port>と
いうURLを用いてVaultにアクセスできるようにします。以下のコマンドを用いることで、Service
のタイプをNodePortに変更することができます。

リスト8.1: Vault Serviceの修正

```
$ kubectl patch service vault -n vault -p '{"spec":{"type":"NodePort"}}'

$ kubectl get svc -n vault
NAME                                   TYPE       CLUSTER-IP      EXTERNAL-IP
PORT(S)                        AGE
vault                                  NodePort   10.96.204.231   <none>
8200:32673/TCP,8201:31954/TCP  3d4h
vault-agent-injector-svc               ClusterIP  10.96.21.55     <none>
443/TCP                        3d4h
vault-internal                         ClusterIP  None            <none>
8200/TCP,8201/TCP              3d4h
vault-secrets-operator-metrics-service ClusterIP  10.96.52.160    <none>
8443/TCP
```

Keycloakの設定

今回はOpenID Providerとして、KeycloakというOSSを利用します。KeycloakはOIDCに加え、
SAMLやKerberosといった様々な認証方式に対応しています。

1. Keycloakのデプロイ

まずはKeycloakを公式の手順[3]を元に、Kubernetes上のKeycloakというネームスペース上にデプ
ロイします。

なお、執筆時点ではVer.22.0.0を使用しています。

1.https://developer.hashicorp.com/vault/docs/auth/jwt#oidc-authentication

2.https://www.keycloak.org

3.https://www.keycloak.org/getting-started/getting-started-kube

リスト8.2: Keycloakのデプロイ

```
$ kubectl create ns keycloak
$ kubectl create -f https://raw.githubusercontent.com/keycloak/keycloak-quickstar
ts/22.0.0/kubernetes/keycloak.yaml -n keycloak
service/keycloak created
deployment.apps/keycloak created
```

　Keycloakに関する各種リソースが作成されたことを確認します。

リスト8.3: 作成したKeycloakの確認

```
$ kubectl get pods,svc -n keycloak
NAME                              READY    STATUS     RESTARTS    AGE
pod/keycloak-6f447f47f4-95n7s     1/1      Running    0           10m


NAME                 TYPE            CLUSTER-IP      EXTERNAL-IP    PORT(S)
AGE
service/keycloak     LoadBalancer    10.96.142.85    <pending>      8080:30410/TCP
8d
```

　作成が完了したら、KeycloakのGUIにアクセスをしてみましょう。KeycloakのServiceには
NodePortが付与されているため、アクセスするURLはhttp://<Node IP>:<NodePort>となりま
す(<Node IP>はminikube ipコマンドを用いて確認できます。また上記の例では<NodePort>は
30410に当たります)。

図8.3: Keycloak トップ画面

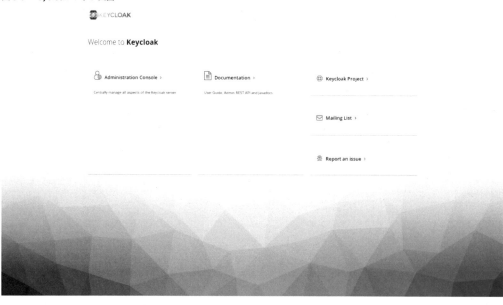

画面が表示されたら「Administration Console」をクリックすると、以下のようなログイン画面に遷移します。ここではデフォルトで指定されている、admin/adminという認証情報でログインします。必要に応じて、この情報は変更するようにしてください。

図8.4: Keycloak 管理コンソール ログイン画面

以下のような画面に遷移したら、ログイン完了です。ここでは、今回利用する22.0.0というバージョンのKeycloakがデプロイされていることが確認できます。

図8.5: Keycloak 管理コンソール トップ画面

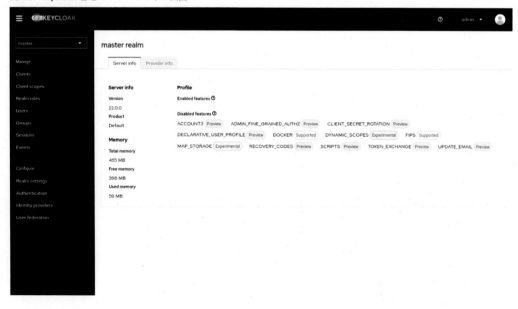

それでは、Keycloakの設定を行っていきます。

2. レルムの作成

　まずはじめに、Keycloakでユーザーやロール、認証方式といった情報をグルーピングするためのレルムと呼ばれるリソースを作成します。このレルムは、Keycloakにおける認証情報をテナント分けするような概念だと思っていただければ十分です。

　左上の「master」と書かれている箇所をクリックします。

図8.6: レルムの一覧

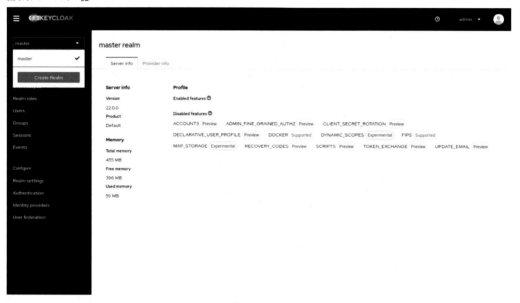

　「Create Realm」をクリックします。

図8.7: レルムの作成

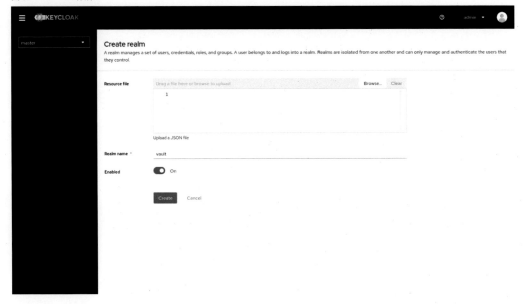

「Realm name」に、レルム名を記入します(今回の例では、vault)。

EnabledがOnになっていることを確認し、「Create」をクリックします。

以下のように、「Welcome to レルム名」という表示がされれば、レルムの作成は完了です。

図8.8: レルムの作成完了

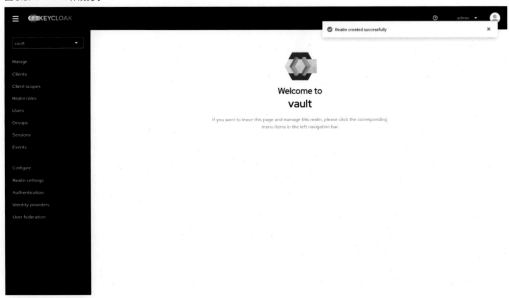

後にVaultからKeycloakに接続する際はこのレルムを使用するため、Vaultからはこのレルムに存在するリソースのみが使用できる状態になります。

3. クライアントの作成

次に、ユーザーの認証方式を定義するためのクライアントと呼ばれるリソースを作成します。
画面左の一覧上にある、「Clients」に移動します。

図8.9: クライアント画面

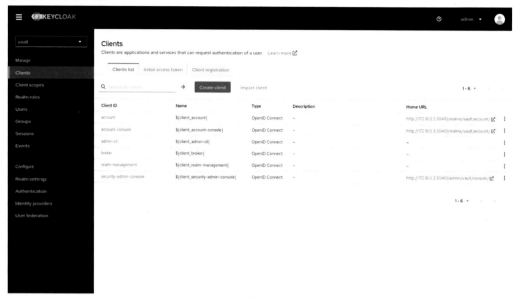

「Create client」をクリックします。

画面が表示されたら、以下のパラメータを指定します。

・Client Type: 「OpenID Connect」を指定します。

・Client ID: 任意のIDを付与します(今回の例では、vault)。

図8.10: クライアント作成 1

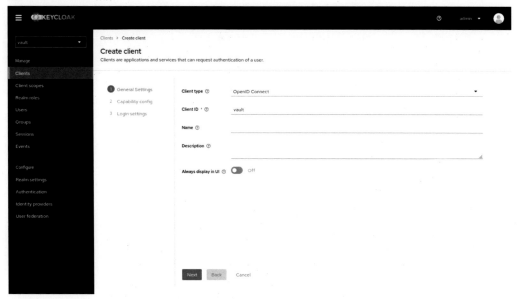

入力が完了したら「Next」をクリックします。画面が表示されたら、以下のパラメータを指定します。

・Cleint authenticaiton: On にします。
・Authorization: Off のままにします。
・Authentication Flow: デフォルトの状態にします。

図8.11: クライアント作成 2

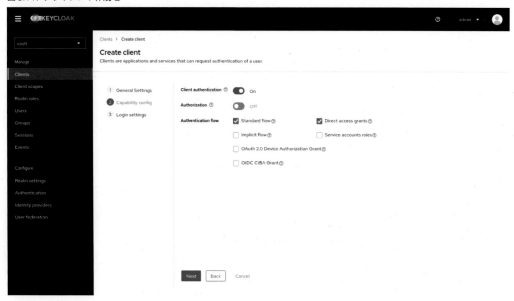

入力が完了したら、「Next」をクリックします。ここでは、Keycloak の Relying Party に当たる

Vaultの情報を入力します。

- ・Root URL: アプリケーションのルートURL

  —今回の例では、http://vault.vault.svc.cluster.local:8200

- ・Home URL: アプリケーションのホームのURL

  —今回の例では、http://vault.vault.svc.cluster.local:8200

- ・Valid redirect URLs: 以下を入力します。

  —GUIからログインする際のリダイレクトURL

  ・今回の例では、http://\<Node IP>:\<Service/vaultのNodePort>/ui/vault/auth/oidc/oidc/callback

  —CLIからログインする際のリダイレクトURL

  ・今回の例では、http://localhost:8250/oidc/callback

GUIに関するリダイレクトURLは、今回NodePortを使用しているため、アドレス部分にはNodeのIPとNode Portを指定していますが、LoadBalancerを用いている場合は外部向けのIPと8200を指定するなど、環境に応じて変更が必要となります。

Vaultは、CLIでもOIDCを利用することが可能です。今回は後ほどport-forwardを用いてこのCLIでのOIDC認証についても検証を行うため本設定を追加していますが、このような用途がない場合に設定する必要はありません。

図8.12: クライアント作成3

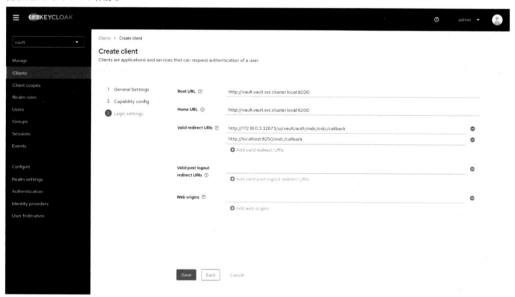

入力が完了したら「Save」をクリックします。以下の画面が表示され、正常にクライアントが作成されたことが確認できます。

図8.13: クライアント作成 4

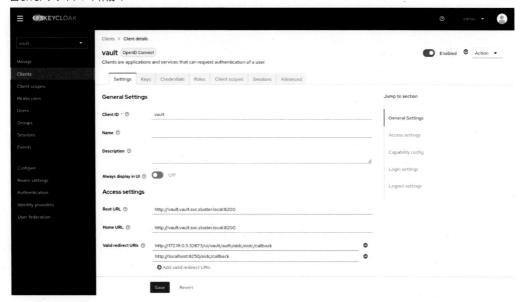

続いて画面中央上部にある、「Credentials」タブを開きます。

図8.14: クライアント クレデンシャル

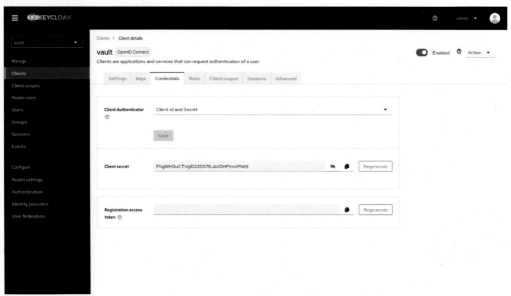

Client secretは後ほどVault側の設定を行う際に必要となるため、ここで控えておいてください。

4. ユーザーの作成

最後に、ログインをする際に使用するユーザーを作成します。

画面左の一覧上にある「Users」をクリックすると以下の画面が表示されるため、「Create new

user」をクリックします。

図 8.15: ユーザー画面

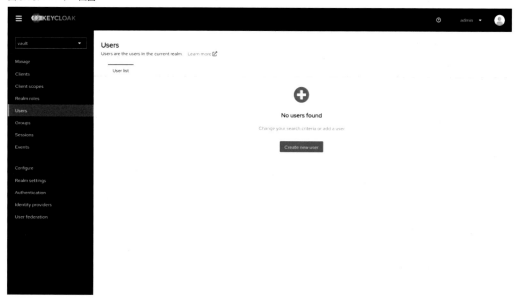

任意のユーザー名を入力し(今回の例では、vault-oidc)、「Create」をクリックします。

図 8.16: ユーザー作成 1

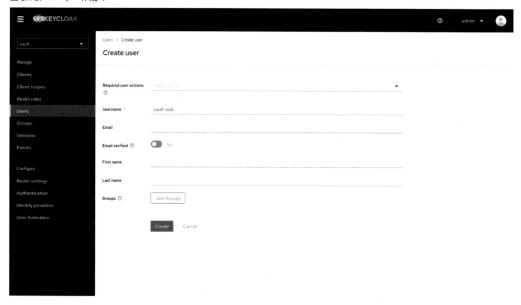

正常にユーザーが作成されたことを確認します。

図8.17: ユーザー作成 2

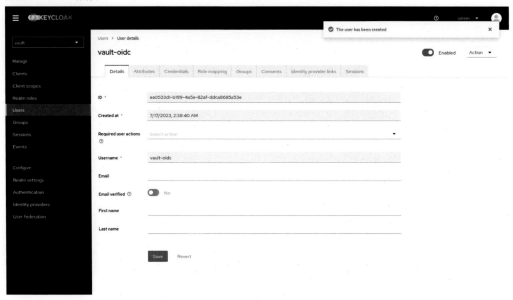

また、このユーザーにはログインするためのパスワードが設定されていないため、パスワードの
設定を行います。「Credentials」タブを選択し、「Set password」をクリックします。

図8.18: ユーザー クレデンシャル作成 1

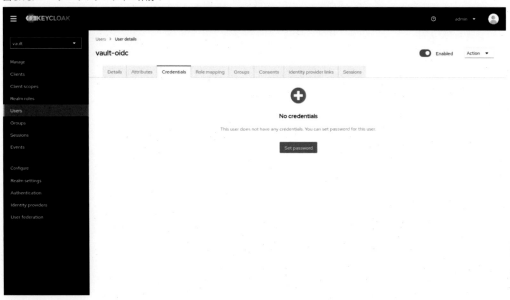

任意のパスワードを設定します。このとき、Temporaryはオフにしておきます。入力が完了した
ら「Save」をクリックし、その後に表示される確認に対して「Save password」をクリックします。

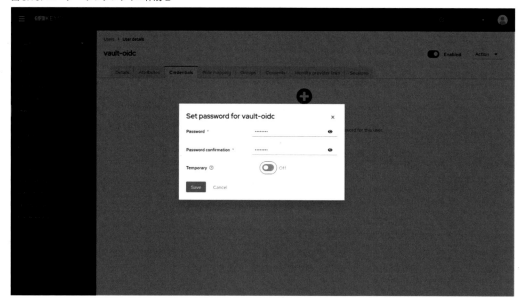

正常にパスワードが設定されたことを確認します。

図8.20: ユーザー クレデンシャル作成 3

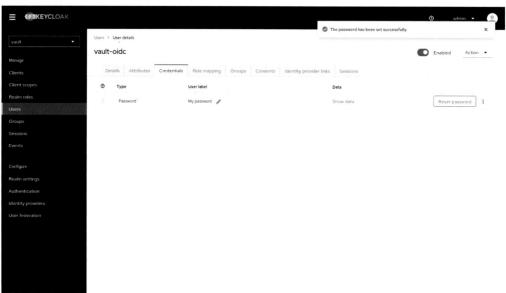

これで、Keycloakの設定は完了となります。この後はKeycloakを利用してVaultからOIDCを用いたログインが行えるよう、Vaultの設定を行います。

Vaultの設定

Vaultの設定を行うための、CLIでVaultにログインします。

リスト8.4: Vaultへのログイン

```
$ kubectl exec -n vault -it vault-0 -- /bin/sh
$ vault login <Root Token>
```

次に、OIDC認証を有効化します。

リスト8.5: OIDC Authの有効化

```
$ vault auth enable oidc
Success! Enabled oidc auth method at: oidc/
```

OIDC認証の有効化が完了したら、Keycloakと連携してOIDC認証を行うのに必要な情報を登録します。なお、ここで先ほど控えておいたClient secretを使用します。また、oidc_discovery_urlでは、KeycloakにアクセスするためのURLを指定します。このURLは認証を行う端末のブラウザーからアクセスできるものである必要があるため、先ほどKeycloakをデプロイした際に確認したKeycloakにアクセスするためのURLを指定しています。

リスト8.6: Keycloakの登録

```
$ vault write auth/oidc/config \
oidc_discovery_url="http://<Node IP>:<Service/keycloakのNodePort>/realms/vault" \
oidc_client_id="vault" \
oidc_client_secret="<Client Secret>" \
default_role=reader
Success! Data written to: auth/oidc/config
```

最後にOIDC認証を行ったユーザーに対する権限を定義したポリシー、及びそのポリシーとOIDC Client ID紐付けるロールを作成します。allowed_redirect_urisには、先ほどKeycloakのValid redirect URLsとして設定したVaultにアクセスするためのURLを指定しています。

リスト8.7: ポリシー及びロールの作成

```
$ vault policy write reader - <<EOF
path "/secret/*" {
 capabilities = ["read", "list"]
}
EOF
Success! Uploaded policy: reader


$ vault write auth/oidc/role/reader \
bound_audiences="vault" \
allowed_redirect_uris="http://<Node IP>:<Service/vaultのNodePort>/ui/vault/auth/
oidc/oidc/callback" \
```

```
allowed_redirect_uris="http://localhost:8250/oidc/callback" \
user_claim="sub" \
policies="reader"
Success! Data written to: auth/oidc/role/reader
```

　以上で、準備は完了です。早速ログインしていきましょう。

GUIでの認証

　それでは、VaultのGUIにアクセスして、OIDCによる認証が行えることを確認します。まずは
minikubeを実行している端末のブラウザーから、VaultのGUI(http://<Node IP>:<NodePort>)に
アクセスします。すでにGUIにログインしている場合は、一度ログアウトしてください。ログイン
画面にて「Method」をOIDCに設定し、「Role」に先ほどvaultのコマンドにて作成したロール名(今
回の例では、reader)を入力し、「Sign in with OIDC Provider」をクリックします。

図8.21: GUI ログイン 1

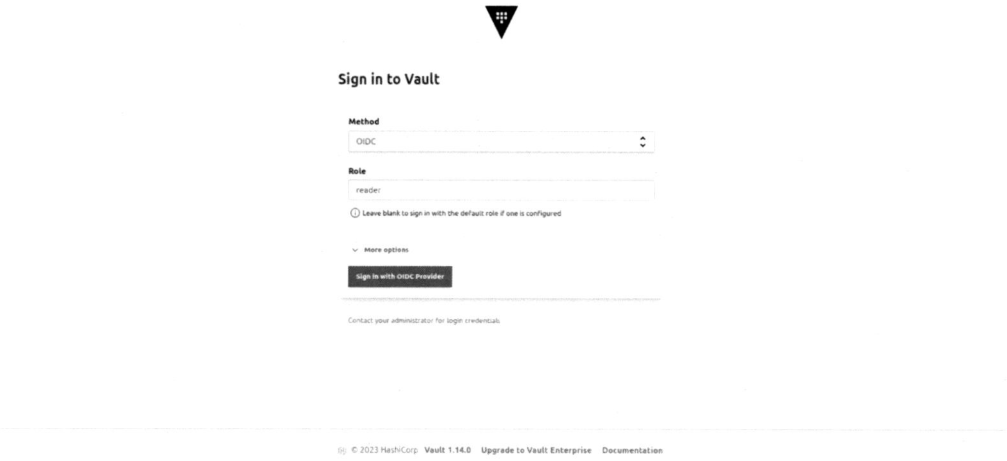

　以下のような画面がポップアップで立ち上がります。

図 8.22: GUI ログイン 2

ここで、画面上部にレルム名(今回の例では、vault)という名前が記載されていることを確認します。

Keycloak側で作成したvault-oidcというユーザーでログインを行うと、以下のようにVaultの画面が表示され、OIDCによる認証によって生成されたアカウントでログインされていることが確認できます。

図 8.25: GUI ログイン 3

今回OIDC認証でログインを行うreaderというロールには、secret/*に対するreadとlistの権限が付与されています。そのため、「2.7 Vault GUI の利用」と同様の手順でsecretという名前のSecrets

Engineに格納された秘密情報を参照することができます。なお、readerに割り当てたreaderという
ポリシーではreadとlistのみを許可しているため、許可されていないDisable等の操作を実行しよう
としてもErrorとなります。

図8.24: Secretの無効化の実行

CLIでの認証

　続いて、Vault CLIを用いた認証方法についても確認します。今回はKeycloakの設定時に
Valid redirect URLsとしてhttp://localhost:8250/oidc/callback というURLを設定しているため、
Kubernetesのport-forwardの機能を用いることで、CLIを用いた認証を行うことができます。

　はじめに「2.6 Vaultへのリモートアクセス」で解説したように、Vault CLIを用いたVaultへのリ
モートアクセスを可能にするため、VaultのServiceをポートフォワードにより外部公開します。

リスト8.8: Vaultへのログイン

```
$ kubectl port-forward service/vault -n vault 8200:8200
Forwarding from 127.0.0.1:8200 -> 8200
Forwarding from [::1]:8200 -> 8200
```

　続いて、minikubeを実行している端末のターミナルから以下のコマンドを実行します。

リスト8.9: CLIでのOIDC認証

```
$ vault login -method=oidc role="reader"
    http://<Node IP>:<Service/KeycloakのNodePort>/realms/vault/protocol/openid-co
nnect/auth?client_id=vault&code_challenge=nvS1J6fIyM3ZRgRar0evPiGe44F3bycfN_rKfld
XFYY&code_challenge_method=S256&nonce=n_iEs6FWBfvd2f2tGspYNn&redirect_uri=http%3A
```

```
%2F%2Flocalhost%3A8250%2Foidc%2Fcallback&response_type=code&scope=openid&state=st
_U8jMHXKDSwZq0SHjnQwW
Waiting for OIDC authentication to complete...
```

　するとブラウザーが起動し、認証画面が表示されます。ここで先ほどと同様にvault-oidcという
ユーザーでログインを行うと、ターミナルに以下のようなメッセージが表示され、OIDCによる認
証が完了します。

リスト8.10: CLIでのOIDC認証結果

```
$ vault login -method=oidc role="reader"
Complete the login via your OIDC provider. Launching browser to:

    http://<Node IP>:<Service/KeycloakのNodePort>/realms/vault/protocol/openid-co
nnect/auth?client_id=vault&code_challenge=nvS1J6fIyM3ZRgRar0evPiGe44F3bycfN_rKfld
XFYY&code_challenge_method=S256&nonce=n_iEs6FWBfvd2f2tGspYNn&redirect_uri=http%3A
%2F%2Flocalhost%3A8250%2Foidc%2Fcallback&response_type=code&scope=openid&state=st
_U8jMHXKDSwZq0SHjnQwW


Waiting for OIDC authentication to complete...
Success! You are now authenticated. The token information displayed below
is already stored in the token helper. You do NOT need to run "vault login"
again. Future Vault requests will automatically use this token.

Key                Value
---                -----
token              hvs.CAESII8E2pYA0k14Xg4HkFSyDmnGrqAoYwH6crdU0Rlu8cRzGh4KHGh2
cy42VlFJYTR0eWZVTTZMMEtPQ2FlRmdaWTk
token_accessor     KaTW6bN6VC1nVNLooPPRsqZY
token_duration     768h
token_renewable    true
token_policies     ["default" "reader"]
identity_policies  []
policies           ["default" "reader"]
token_meta_role    reader
```

　また、次の手順を用いることで、GUIで認証を行った際の認証情報を用いてCLIからログインを行
うことも可能です。先ほどのGUIでログイン後の画面においてユーザーマークをクリックし、「Copy
token」をクリックします。

図8.25: GUI ログイン 3(再掲)

　このとき、クリップボードにはOIDCによって認証したユーザーのTokenを保持していますので、このTokenを用いてvault loginコマンドを実行します。

リスト8.11: OIDCによって発行されたTokenでの認証

```
/ $ vault login <Vault GUIから取得したToken>
Success! You are now authenticated. The token information displayed below
is already stored in the token helper. You do NOT need to run "vault login"
again. Future Vault requests will automatically use this token.


Key                     Value
---                     -----
token                   hvs.CAESINo41lIlza_UUPD8qZl135qPVYEkubBkul9gHCJKC-kZGh4KHGh2
cy5EMGkySzd1eVlTRlhOVGxIam1RY0dkbUI
token_accessor          x6nKIila9U6BCLECt4K6ffWd
token_duration          767h55m33s
token_renewable         true
token_policies          ["default" "reader"]
identity_policies       []
policies                ["default" "reader"]
token_meta_role         reader
```

　このようにGUIで認証を行った場合でも、認証によって発行されたTokenを用いることで、CLIからのログインが可能となります。

第9章　JWTを用いたKubernetesの認証

Vaultは、必ずしもこれまで確認してきたような形で連携させるKubernetesの上に存在するとは限りません。Kubernetesから連携するにしても、複数のKubernetesからひとつのVaultを参照したい場合や、Kubernetes以外のクライアントからもVault上の秘密情報にアクセスしたい場合に、連携させるKubernetesの外側にVaultを用意するといったケースも出てくるでしょう。

第3章ではKubernetes Auth Methodの仕組みについても解説しましたが、ここで解説した認証の仕組みを見ると、認証を行う際にVaultからKubernetesのAPIにアクセスしていることが確認できます。これはVaultがKubernetes上に存在する場合にはあまり問題になりませんが、VaultがKubernetesの外に存在する場合はVaultからKubernetesのAPIにアクセスできないこともあり、そのような場合にはKubernetes Auth Methodを用いた認証方法を採用できません。

ここでは、上記のような問題を解決するためのJWT認証について解説します。今回は検証のため、Kubernetesクラスター上に存在するVaultに対してJWT認証を実施していますが、Kubernetesの外部にあるVaultに対しても同様の手順で実行することができます。

9.1　JWTとは

JWTとはJSON Web Tokenの略称であり、JSONのデータ構造を持つコンパクトでURFセーフなトークンとしてRFC[1]によって仕様が定義されています。

JWTはヘッダー・ペイロード・署名の3つのパートから構成されます。

ヘッダー

ヘッダーには、トークンの種類とその内容を保護するために使用される暗号アルゴリズムに関するメタデータが含まれています。

1.https://datatracker.ietf.org/doc/html/rfc7519

リスト9.1: ヘッダー

```
{
  "alg": "RS256",
  "typ": "JWT"
}
```

　"typ"には、このトークンの型である"JWT"が指定され、"alg"には署名に用いられるアルゴリズム
が指定されています。

ペイロード

　ペイロードには、クレームと呼ばれる属性情報が格納されています。

リスト9.2: ペイロード

```
{
  "iss": "vault-book.sample.iss",
  "exp":1300819380
}
```

　たとえば、"iss"にはJWTの発行元が記載されていたり、"exp"にはJWTの有効期限が記述されて
いたりします。

署名

　署名は、ヘッダーとペイロードをピリオド（"."）を用いて連結したものをヘッダーで指定された
署名アルゴリズムで暗号化したものに該当します。

リスト9.3: 署名

```
RSASHA256(
  base64UrlEncode(header) + "." +
  base64UrlEncode(payload),
  -----BEGIN PUBLIC KEY-----
  MIIBIjANBgkqhkiG9w0BAQEFAAOCAQ
  [...]
  mwIDAQAB
  -----END PUBLIC KEY-----,
  -----BEGIN PRIVATE KEY-----
  MIIEvwIBADANBgkqhkiG9w0BAQEFAA
  [...]
  dn/RsYEONbwQSjIfMPkvxF+8HQ==
  -----END PRIVATE KEY-----
)
```

JWTの構成

JWTは、Base64Urlでエンコードされたヘッダー及びペイロードと署名の3つを、ピリオド（"."）を用いて連結することで作成されます。

図9.1: JWTの作成

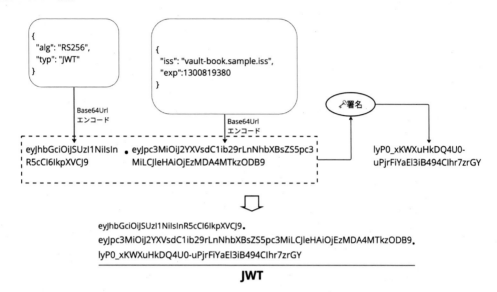

ここからは、このJWTを用いたVaultへの認証方法について解説します。

9.2　JWT Auth Method

Vaultには、このJWTを利用したJWT Auth Method[2]という認証方法があります。

Kubernetesの設定

KubernetesにはServiceAccountIssuerDiscoveryという機能があり、この機能を用いることでKubernetesのOIDC Discovery Endpointというエンドポイントにアクセスすることができます。試しにkubectlコマンドを用いて、OIDC Discovery Endpointにアクセスしてみましょう。

リスト9.4: ServiceAccountIssuerDiscovery

```
$ kubectl get --raw /.well-known/openid-configuration | jq
{
  "issuer": "https://kubernetes.default.svc.cluster.local",
  "jwks_uri": "https://172.18.0.2:6443/openid/v1/jwks",
  "response_types_supported": [
    "id_token"
```

2.https://developer.hashicorp.com/vault/docs/auth/jwt#jwt-authentication

```
  ],
  "subject_types_supported": [
    "public"
  ],
  "id_token_signing_alg_values_supported": [
    "RS256"
  ]
}
```

　アクセス結果を確認すると、IDトークンの発行者であるissuerや、クライアント側から送られてきたIDトークンを検証するための情報を持つエンドポイントである、jwks_uriといった情報が記載されていることが確認できます。これらの情報へのアクセスはKubernetes上のRBACによって制限されており、今回外部のVaultが認証を必要とせずにKubernetesのOIDC Discovery Endpointにアクセスすることができるよう、「system:unauthenticated」というグループに対して「system:service-account-issuer-discovery」というCluster Roleを割り当てます。

リスト9.5: RBAC設定
```
$ kubectl create clusterrolebinding oidc-reviewer \
 --clusterrole=system:service-account-issuer-discovery \
 --group=system:unauthenticated
```

　Kubernetes側の設定はこれだけです。

Vaultの設定

　続いて、Vaultの設定を行います。VaultではKubernetesからService Accountのトークンを用いてアクセスしてきた際に、適切に処理ができるように設定をしていきます。
　では、Vaultにログインしていきます。

リスト9.6: Vaultへのログイン
```
$ kubectl exec -n vault -it vault-0 -- /bin/sh
$ vault login <Root Token>
```

　まずJWT Auth Methodを有効化します。

リスト9.7: JWT Auth Methodの有効化
```
$ vault auth enable jwt
Success! Enabled jwt auth method at: jwt/
```

　次に、JWKS URIにkubectl get --rawコマンドを用いてアクセスをし、必要な情報を取得します。

リスト9.8: JWKS URIに格納された情報の取得

```
$ kubectl get --raw "$(kubectl get --raw /.well-known/openid-configuration | jq
-r '.jwks_uri' | sed -r 's/.*\.[^/]+(.*)/\1/')" | jq
{
  "keys": [
    {
      "use": "sig",
      "kty": "RSA",
      "kid": "L9IR3KqV0g1rihkJlW2AJ3rlinIarulpztKi7mNLev4",
      "alg": "RS256",
      "n": "raGyCOl2x[...]k7Ct3mBP1pQOaQ",
      "e": "AQAB"
    }
  ]
}
```

ここ記載されている、keysの中のデータを取得し、PEMに変換します。ここでは、JWK to PEM Convertor online[3]を使用しています。

図9.2: JWK to PEM Convertor online トップ画面

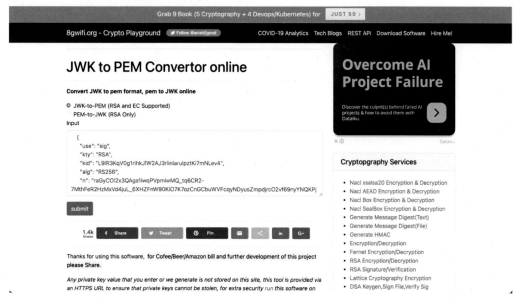

JWK to PEM Convertor onlineにアクセスをしたら、取得したデータを入力し「Submit」をクリックします。

3.https://8gwifi.org/jwkconvertfunctions.jsp

図9.3: JWK to PEM Convertor online 変換後

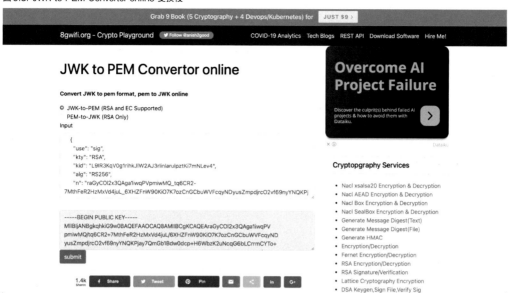

ここで表示されたPEMをVaultに登録します。

リスト9.9: JWT Auth Methodの設定

```
$ vault write auth/jwt/config \
    jwt_validation_pubkeys="-----BEGIN PUBLIC KEY-----
MIIBIjANBgkqhkiG9w0BAQEFAAOCAQ8AMIIBCgKCAQEAraGyCOl2x3QAga1iwqPV
[...]
Y0RX3cP+PrIapgCAOO+TgRHDOSFX9mdoK/AohsUJJqzLIBsJz1mKk7Ct3mBP1pQO
aQIDAQAB
-----END PUBLIC KEY-----"
Success! Data written to: auth/jwt/config
```

以上で、Vault側の設定は完了です。

9.3 Vault Agentからの利用

Kubernetesでの事前準備

まず第4章で紹介したVault AgentがJWT認証を行えるように設定変更を行い、再デプロイします。Vault Agentデフォルトの設定ではauthPathがauth/kubernetesになっているため、auth/jwtに変更します。

更新をするために、以下のようなHelm変数ファイルを作成します。

リスト9.10: 変数ファイルの作成

```
$ cat > values.yaml << EOF
injector:
  enabled: true
  authPath: "auth/jwt"
EOF
```

　それでは、用意した変数ファイルを元にHelmを用いてVault Agentの更新をしていきます。更新が完了したら、kubectl describeコマンドを用いて、環境変数に設定された「AGENT_INJECT_VAULT_AUTH_PATH」の値がauth/jwtとなっていることを確認します。

リスト9.11: Vault Agentのデプロイ

```
$ helm upgrade vault -f values.yaml hashicorp/vault -n vault

$ kubectl get pods -n vault
NAME                                                       READY    STATUS
RESTARTS       AGE
vault-0                                                    1/1      Running   0
19d
vault-agent-injector-58bf8d845d-96p9j                      1/1      Running   0
78s
vault-secrets-operator-controller-manager-77b654b4bf-8jh5j 2/2      Running   0
17d

$ kubectl describe pods vault-agent-injector-58bf8d845d-96p9j -n vault
Name:           vault-agent-injector-58bf8d845d-96p9j
Namespace:      vault
Priority:       0
Service Account: vault-agent-injector
[...]
Containers:
  sidecar-injector:
    Container ID:  containerd://f7b97f423aca41a30cb3023bd202621833c193a9c4891f0fa
ebb6c7ab05f2b21
    Image:         hashicorp/vault-k8s:1.2.1
    Image ID:      docker.io/hashicorp/vault-k8s@sha256:4500e988b7ce9f10d25930ac2
ea7e29fda6a0fe239e22be653a3ea0549a84a55
    [...]
    Environment:
      AGENT_INJECT_LISTEN:                    :8080
      AGENT_INJECT_LOG_LEVEL:                 info
```

```
    AGENT_INJECT_VAULT_ADDR:                           http://vault.vault.svc:
8200
    AGENT_INJECT_VAULT_AUTH_PATH:                      auth/jwt
[...]
```

Kubernetesの外にVaultがある場合

　本章の最初に記載したように、利用したいVaultがSecretを取得するKubernetes上にないといったケースがあります。たとえば、以下などのようなケースです。
・異なるKubernetesクラスターから利用するためのツールを、共有用Kubernetesクラスター上に作成し、LoadBalancerタイプのServiceで公開している。
・仮想マシン上ですでにVaultを運用している。
　このようなケースでもVault Agentを利用するためには、Helmを用いてデプロイする際に以下のような変数を渡す必要があります。authPathには、今回利用するJWT認証を用いるためにauth/jwtを指定し、externalVaultAddrに外部にあるVaultへアクセスするためのURLを記載します。

リスト9.12: 変数ファイルの作成
```
$ cat > values.yaml << EOF
global:
  externalVaultAddr: "http://<Vault IP>:8200/"
injector:
  enabled: true
  authPath: "auth/jwt"
EOF
```
それでは、用意した変数ファイルを元にHelmを用いて、Vault Agentをデプロイしていきます。

リスト9.13: Vault Agentのデプロイ
```
$ helm install vault -f values.yaml hashicorp/vault -n vault
--create-namespace

$ kubectl get pods -n vault
NAME                                READY   STATUS    RESTARTS   AGE
vault-agent-injector-6f8c7b489b-wqbsc   1/1     Running   0          23s
```

　ここからの検証はvault-bookネームスペースを新規作成し、その中で実施します。ネームスペースとVaultにアクセスするためのService Accountを作成します。

リスト9.14: Namespace および Service Accountの作成
```
$ kubectl create namespace vault-book
$ kubectl create sa app -n vault-book
```

Vaultへの秘密情報の登録

　ここでは、第2章の「リスト 2.9: 秘密情報の登録」において登録した秘密情報を利用します。まず、secret/app/config というパスの配下登録されたふたつの情報を確認します。

リスト9.15: 秘密情報の確認

```
$ vault kv get secret/app/config
===== Secret Path =====
secret/data/app/config

======= Metadata =======
Key                Value
---                -----
created_time       2023-07-27T16:36:33.637800379Z
custom_metadata    <nil>
deletion_time      n/a
destroyed          false
version            1

====== Data ======
Key         Value
---         -----
PASSWORD    pass12345
USERNAME    user12345
```

　次に、この秘密情報に対する Policy を作成します。

リスト9.16: Policy の作成

```
$ vault policy write app-secret-jwt - << EOF
path "secret/data/app/config" {
  capabilities=["read"]
}
EOF
Success! Uploaded policy: app-secret
```

　最後に、この Policy と Kubernetes 上の Service Account を紐づける Role を作成します。

リスト9.17: Role の作成

```
$ vault write auth/jwt/role/vault-jwt-app \
    role_type="jwt" \
    bound_audiences="https://kubernetes.default.svc.cluster.local" \
    user_claim="sub" \
```

```
    bound_subject="system:serviceaccount:vault-book:app" \
    policies="app-secret-jwt" \
    ttl="1h"
Success! Data written to: auth/jwt/role/vault-jwt-app
```

- ・role_type: jwt
- ・bound_audience: リスト9.18に記載したコマンドから取得できるaudに表示されたURL
- ・bound_subject: system:serviceaccount:<Namespace>:<Service Account Name>
  ―今回の例では、system:serviceaccount:vault-book:app
- ・policies: リスト9.16において作成したPolicy

リスト9.18: Bound Audience情報の取得

```
$ kubectl create token app -n vault-book | cut -f2 -d. | base64 --decode
{"aud":["https://kubernetes.default.svc.cluster.local"],"exp":16
90512200,"iat":1690508600,"iss":"https://kubernetes.default.svc.cluster.local","k
ubernetes.io":{"namespace":"vault-book","serviceaccount":{"name":"app","uid":"4d9
3775f-78f3-4309-9dcd-5d0c916e6bf0"}},"nbf":1690508600,"sub":"system:serviceaccoun
t:vault-book:app"}
```

Vault AgentによるKubernetesからの秘密情報取得

それでは、早速この情報をKubernetes上から取得していきたいと思います。

以下のようなPodマニフェストを用意します。

リスト9.19: app-vault-agent-simple-jwt.yaml

```
apiVersion: v1
kind: Pod
metadata:
  name: vault-test-app
  namespace: vault-book
  annotations:
    # InjectorによるVault Agentの挿入を有効化
    vault.hashicorp.com/agent-inject: "true"

    # 明示的にjwtを指定する。
    vault.hashicorp.com/auth-type: "jwt"

    # jwtでの認証において必要なService Accountのトークンの絶対パスを指定する。
    vault.hashicorp.com/auth-config-path: "/var/run/secrets/kubernetes.io/service
account/token"
```

```
  # 使用するVault上のRoleを指定
  vault.hashicorp.com/role: "vault-jwt-app"

  # Pod内に/vault/secrets/app-config.txtというファイルが作成され秘密情報が記載される
  vault.hashicorp.com/agent-inject-secret-app-config.txt:
"secret/data/app/config"
  labels:
    app: nginx
spec:
  serviceAccountName: app
  containers:
  - name: nginx
    image: nginx:alpine
```

　用意したマニフェストを用いてPodをデプロイします。Pod内にふたつのコンテナが作成されていることが確認できます。

リスト9.20: Podのデプロイ

```
$ kubectl apply -f app-vault-agent-simple-jwt.yaml
pod/vault-test-app created

$ kubectl get pods -n vault-book
NAME            READY   STATUS    RESTARTS   AGE
vault-test-app  2/2     Running   0          19s
```

　Podにexecして、Vaultから秘密情報が取得できているか確認してみましょう。

リスト9.21: Bound Audience情報の取得

```
$ kubectl exec vault-test-app -n vault-book -- cat /vault/secrets/app-config.txt
Defaulted container "nginx" out of: nginx, vault-agent, vault-agent-init (init)
data: map[PASSWORD:pass12345 USERNAME:user12345]
metadata: map[created_time:2023-07-27T16:36:33.637800379Z custom_metadata:<nil>
deletion_time: destroyed:false version:1]
```

　Pod内に/vault/secrets/app-config.txtというファイルが存在し、Map形式で秘密情報が記載されていることが確認できました。

9.4　Vault Secrets Operatorからの利用

　Vault Secrets OperatorでJWT Auth Methodを用いて、秘密情報を取得する方法についても解説します。ここで用いる秘密情報は「9.3 Vault Agentからの利用」の「Vaultへの秘密データの登

録」で登録したものを使用します。

あらかじめ第5章を元に、Vault Secrets Operatorをデプロイしておいてください。

リスト9.22: Vault Secrets Operator Pod

```
$ kubectl get pods -n vault
NAME                                                        READY   STATUS
RESTARTS    AGE
vault-secrets-operator-controller-manager-6845f97f96-vsxj7  2/2     Running  0
110s
```

まず、VaultConnectionマニフェストを用意します。Vaultが外部にある場合は、spec.addressに外部のVault URLを指定します。

リスト9.23: jwt-vault-conn.yaml

```
apiVersion: secrets.hashicorp.com/v1beta1
kind: VaultConnection
metadata:
  name: jwt-vault-connection
  namespace: vault-book
spec:
  address: http://vault.vault.svc:8200 # Vaultのエンドポイントを指定
```

用意したVaultConnectionマニフェストを適用します。

リスト9.24: VaultConnectionの適用

```
$ kubectl apply -f jwt-vault-conn.yaml
vaultconnection.secrets.hashicorp.com/jwt-vault-connection created

$ kubectl get vaultconnection -n vault-book
NAME                    AGE
jwt-vault-connection    10s
```

次に、VaultAuthマニフェストを用意します。第5章と異なり、methodやmount、そして認証に必要な項目を指定する部分ではjwtを指定している点に注意してください。

リスト9.25: jwt-vault-auth.yaml

```
apiVersion: secrets.hashicorp.com/v1beta1
kind: VaultAuth
metadata:
  name: jwt-vault-auth
  namespace: vault-book
```

```
spec:
  vaultConnectionRef: jwt-vault-connection
  method: jwt
  mount: jwt
  jwt:
    role: vault-jwt-app
    serviceAccount: app
```

用意したVaultAuthマニフェストを適用します。

リスト9.26: VaultAuth の適用

```
$ kubectl apply -f jwt-vault-auth.yaml
vaultauth.secrets.hashicorp.com/jwt-vault-auth created

$ kubectl get vaultauth -n vault-book
NAME               AGE
jwt-vault-auth     7s
```

最後にVaultから秘密情報を取得するためのリソースである、VaultStaticSecretのマニフェストを用意します。

リスト9.27: jwt-vault-secret.yaml

```
apiVersion: secrets.hashicorp.com/v1beta1
kind: VaultStaticSecret
metadata:
  name: jwt-vault-secret-1
  namespace: vault-book
spec:
  vaultAuthRef: jwt-vault-auth
  type: kv-v2
  mount: secret
  path: app/config
  refreshAfter: 60s
  destination:
    create: true
    name: app-secret-from-vso-jwt
```

用意したVaultStaticSecretマニフェストを適用します。

```
$ kubectl apply -f jwt-vault-secret.yaml
vaultstaticsecret.secrets.hashicorp.com/jwt-vault-secret-1 created


$ kubectl get vaultstaticsecret -n vault-book
NAME                  AGE
jwt-vault-secret-1    7s


$ kubectl get secret -n vault-book
NAME                       TYPE     DATA   AGE
app-secret-from-vso-jwt    Opaque   3      20s
```

　マニフェストに記載した通り、app-secret-from-vso-jwt という名前でSecretが作成されていることが確認できます。作成されたSecretの中身を確認してみましょう。

リスト9.29: Secret のYAML出力

```
$ kubectl get secret app-secret-from-vso-jwt -n vault-book -o yaml
apiVersion: v1
data:
  _raw: eyJkYXRhIjp7IlBBU1NXT1JEIjoicGFzczEyMzQ1IiwiVVNFUk5BTUUiOiJ1c2VyMTIzNDUif
SwibWV0YWRhdGEiOnsiY3JlYXRlZF90aW1lIjoiMjAyMy0wNy0yN1QxNjozNjozMy42Mzc4MDAzNzlaI
iwiY3VzdG9tX21ldGFkYXRhIjpudWxsLCJkZWxldGlvbl90aW1lIjoiMDAwMS0wMS0wMVQwMDowMDowM
FoiLCJkZXN0cm95ZWQiOmZhbHNlLCJ2ZXJzaW9uIjoxfX0=
  PASSWORD: cGFzczEyMzQ1
  USERNAME: dXNlcjEyMzQ1
kind: Secret
metadata:
  creationTimestamp: "2023-08-07T02:19:49Z"
  labels:
    app.kubernetes.io/component: secret-sync
    app.kubernetes.io/managed-by: hashicorp-vso
    app.kubernetes.io/name: vault-secrets-operator
    secrets.hashicorp.com/vso-ownerRefUID: 0d6b7731-605a-4983-ba9f-a59e6e682d69
  name: app-secret-from-vso-jwt
  namespace: vault-book
  ownerReferences:
  - apiVersion: secrets.hashicorp.com/v1beta1
    kind: VaultStaticSecret
    name: jwt-vault-secret-1
    uid: 0d6b7731-605a-4983-ba9f-a59e6e682d69
  resourceVersion: "2028336"
```

```
  uid: 7188e073-2464-429b-b9a9-7bbcc9804430
type: Opaque
```

3つのデータが登録されていることが確認できます。また、ownerReferenceにはVaultStaticSecret
が指定されているので、このSecretは先ほど作成したjwt-vault-secret-1というVaultStaticSecretに
管理されていることが確認できます。

Secretに登録されたデータの中身を確認してみましょう。以下のように、Vaultに登録した秘密
情報が取得できることが確認できます。

リスト9.30: Secretのデータの出力

```
$ kubectl get secret -n vault-book app-secret-from-vso-jwt -o
jsonpath='{.data.USERNAME}' |base64 -d
user12345

$ kubectl get secret -n vault-book app-secret-from-vso-jwt -o
jsonpath='{.data.PASSWORD}' |base64 -d
pass12345
```

第10章　Vaultの監視

Vaultを適切に運用していく上で、どのようなことがVault内部で起きているのかということを知ることがとても重要になります。

たとえば、普段一定だったリクエスト処理数があるときを境に増えた場合、Vaultと連携させているサービスが秘密情報の取得を正常に行えておらずリトライを繰り返してしまっているということや、最悪の場合どこかから悪意のあるユーザーが秘密情報を抜き出すための攻撃を仕掛けてきているといったことなど、何かしらの異常な状態に気づくことができます。

ここで万が一にも情報を何も取得できていない場合、サービスの障害につながってしまったり、秘密情報を抜き取られてしまったりということにつながってしまいます。

本章ではメトリックとログのふたつについて、Vaultから取得する方法をご紹介します。

10.1　メトリック

Vaultの前提条件

Prometheus用のメトリックはデフォルトでは有効になっていません。Vaultを構築する際の構成ファイル内において、prometheus_retention_timeをゼロ以外の値に設定することで、Prometheus用のメトリックが取得可能になります。今回は、Helmでのデプロイにおける設定方法をご紹介します。

変数ファイルにおいて、.server.standalone.configにあるtelemetryという項目を設定します。

リスト10.1: Vault Helm変数ファイルの作成 (standalone)

```
server:
  standalone:
    config: |
      ui = true

      listener "tcp" {
        tls_disable = 1
        address = "[::]:8200"
        cluster_address = "[::]:8201"
        # Enable unauthenticated metrics access (necessary for Prometheus
Operator)
        #telemetry {
        #  unauthenticated_metrics_access = "true"
        #}
      }
```

```
storage "file" {
  path = "/vault/data"
}


# Example configuration for using auto-unseal, using Google Cloud KMS. The
# GKMS keys must already exist, and the cluster must have a service account
# that is authorized to access GCP KMS.
#seal "gcpckms" {
#   project     = "vault-helm-dev"
#   region      = "global"
#   key_ring    = "vault-helm-unseal-kr"
#   crypto_key  = "vault-helm-unseal-key"
#}


# Example configuration for enabling Prometheus metrics in your config.
telemetry {
  prometheus_retention_time = "30s"
  disable_hostname = true
}
```

HA構成をとる場合は、.server.ha.configにあるtelemetryという項目を設定します。

リスト10.2: Vault Helm変数ファイルの作成 (HA構成)

```
server:
  ha:
    enabled: true
    replicas: 3
    config: |
      ui = true

      listener "tcp" {
        tls_disable = 1
        address = "[::]:8200"
        cluster_address = "[::]:8201"
      }
      storage "consul" {
        path = "vault"
        address = "HOST_IP:8500"
      }

      service_registration "kubernetes" {}
```

```
# Example configuration for using auto-unseal, using Google Cloud KMS. The
# GKMS keys must already exist, and the cluster must have a service account
# that is authorized to access GCP KMS.
#seal "gcpckms" {
#   project    = "vault-helm-dev-246514"
#   region     = "global"
#   key_ring   = "vault-helm-unseal-kr"
#   crypto_key = "vault-helm-unseal-key"
#}

# Example configuration for enabling Prometheus metrics.
# If you are using Prometheus Operator you can enable a ServiceMonitor
resource below.
# You may wish to enable unauthenticated metrics in the listener block
above.
telemetry {
  prometheus_retention_time = "30s"
  disable_hostname = true
}
```

この変数ファイルをvalues.yamlという名前のファイルとして作成し、Vaultを作成します。

リスト10.3: Vaultの作成

```
$ helm install vault hashicorp/vault -f values.yaml -n vault --create-namespace
```

すでにVaultを作成している場合は、helm upgradeコマンドを用いて、リリースの更新をします。

リスト10.4: Vaultの更新

```
$ helm upgrade vault hashicorp/vault -f values.yaml -n vault
```

Vaultが参照する構成ファイルはvault-configというConfigMapとして作成されていますので、指定した設定が反映されているかを確認していきます。

リスト10.5: Vault構成ファイルの確認

```
$ kubectl get cm vault-config -n vault -o jsonpath='{.data.extraconfig-from-values
\.hcl}'
disable_mlock = true
ui = true

[...]
```

```
# Example configuration for enabling Prometheus metrics in your config.
telemetry {
  prometheus_retention_time = "30s"
  disable_hostname = true
}
```

Prometheusの準備

次に、Prometheusを作成していきます。今回は、Prometheusを利用する際にそのエコシステム
を柔軟に管理することができるkube-prometheus-stack[1]を使用していきます。

今回は、Prometheus Operator及びPrometheusのみが作成されるような最低限の構成で作成し
ます。

リスト10.6: Prometheusの作成

```
$ helm repo add prometheus-community https://prometheus-community.github.io/helm-
charts
$ helm repo update

$ helm install prometheus-stack prometheus-community/kube-prometheus-stack \
--namespace monitoring --create-namespace \
-f https://raw.githubusercontent.com/jacopen/vault-with-kubernetes/main/scripts/
chapter10/prometheus-values.yaml

$ kubectl get pods -n monitoring
NAME                                                          READY    STATUS     RESTARTS
AGE
prometheus-prometheus-stack-kube-prom-prometheus-0            2/2      Running    0
2m48s
prometheus-stack-kube-prom-operator-794b6445bb-t2jrk         1/1      Running    0
3m23s
```

Vaultの設定

Vaultでは、/sys/metricsエンドポイントにアクセスするために認証が必要となっているため、
Prometheusに対して専用のエンドポイントからメトリックを正常に取得するためのVaultトーク
ンを渡す必要があります。メトリックエンドポイントにread権限を付与するprometheus-metrics
ACLポリシーを定義します。

1.https://github.com/prometheus-community/helm-charts/tree/main/charts/kube-prometheus-stack

リスト 10.7: ポリシーの作成
```
/ $ vault policy write prometheus-metrics - << EOF
path "/sys/metrics" {
  capabilities = ["read"]
}
EOF
Success! Uploaded policy: prometheus-metrics
```

　PrometheusがVaultのメトリックエンドポイントにアクセスするための認証に使用する
prometheus-metricsポリシーを紐付けたトークンを作成します。

リスト 10.8: トークンの作成
```
$ vault token create \
  -field=token \
  -policy prometheus-metrics
hvs.CAESICzNpRYSXNpllaNuoVQ7OVbnmmt7PD8Ss9AcieNPqTAOGh4KHGh2cy5XS0Nxa0JNMEZkaDRLU
1V4cUNZaE1LMkM
```

ServiceMonitor リソースの作成

　それでは、PrometheusにVaultをメトリックの取得対象として認識させるための設定をしてい
きます。本来であればPrometheusが読み込んでいる構成ファイルに対して取得対象を増やすため
の設定を入れる必要がありますが、今回使っているkube-prometheus-stackでは、ServiceMonitor
と呼ばれるカスタムリソースを用いて取得対象を管理することができるようになっています。この
ServiceMonitorに対して、先ほど作成したトークンを渡すことができるよう、Secretを作成します。
　Secretのマニフェストは以下のようになります。

リスト 10.9: vault-monit-secret.yaml
```
apiVersion: v1
kind: Secret
metadata:
  name: vault-monitor-token
  namespace: vault
stringData:
  token: hvs.CAESICzNpRYSXNpllaNuoVQ7OVbnmmt7PD8Ss9AcieNPqTAOGh4KHGh2cy5XS0Nxa0JN
MEZkaDRLU1V4cUNZaE1LMkM
```

　上記のマニフェストを用いて、Secretリソースを作成します。

リスト10.10: Secret の作成

```
$ kubectl apply -f vault-monit-secret.yaml
secret/vault-monitor-token created
```

次に、この後作成する ServiceMonitor リソースからどの Service が Vault のメトリックを取得するためのServiceになるのかを認識できるように、VaultのServiceリソースにラベルを付与します。

リスト10.11: Label の付与

```
$ kubectl label svc/vault telemetry=true -n vault
service/vault labeled


$ kubectl get svc -l telemetry=true -n vault
NAME     TYPE       CLUSTER-IP       EXTERNAL-IP      PORT(S)
vault    NodePort   10.96.72.137     <none>           8200:32673/TCP,8201:30115/TCP,8250
:31970/TCP    20d
```

Vaultからメトリックを取得するためのServiceMonitorを作成します。このマニフェストにある.spec.selector.matchLabelsで指定したServiceをPrometheusはメトリックの取得先だと認識しますので、先ほどVaultのServiceに付与した「telemetry=true」というラベルを指定します。

リスト10.12: vault-servicemonit.yaml

```
apiVersion: monitoring.coreos.com/v1
kind: ServiceMonitor
metadata:
  name: vault-servicemonitor
  namespace: vault
  labels:
    release: prometheus-stack
spec:
  selector:
    matchLabels:
      telemetry: "true"
  endpoints:
    - interval: 30s
      path: /v1/sys/metrics
      params:
        format:
          - prometheus
      port: http
      tlsConfig:
        insecureSkipVerify: true
```

```
    bearerTokenSecret:
      name: vault-monitor-token
      key: token
```

上記のマニフェストを用いて、ServiceMonitorリソースを作成します。

リスト10.13: ServiceMonitorの作成

```
$ kubectl apply -f vault-servicemonit.yaml
servicemonitor.monitoring.coreos.com/vault-servicemonitor created
```

それでは、PrometheusのGUI(http://<Node IP>:<NodePort>)にアクセスしてみましょう。NodePortは以下のコマンドを用いて確認することができます。今回は9090番Portに紐づくNodePortが対象です。

リスト10.14: PrometheusのNodePortの確認

```
$ kubectl get svc -n monitoring
NAME                                    TYPE           CLUSTER-IP
EXTERNAL-IP    PORT(S)                     AGE
prometheus-operated                     ClusterIP      None           <none>
9090/TCP                          8m32s
prometheus-stack-kube-prom-operator     ClusterIP      10.108.70.44   <none>
443/TCP                           8m32s
prometheus-stack-kube-prom-prometheus   LoadBalancer   10.111.68.185  <pending>
9090:31277/TCP,8080:32003/TCP     8m32s
```

PrometheusのTargetsから、Vaultのメトリックを取得するためのターゲットが認識されているかを確認します。ここでVaultのターゲットが「400 Bad Request」でエラーしていて、本章序盤の「Vaultの前提条件」においてhelm upgradeを用いてVaultの構成ファイルにtelemetry項目を適用した場合は、一度Vault Podを再起動しVaultのUnsealを実施してください。

図 10.1: Prometheus Vault Targets

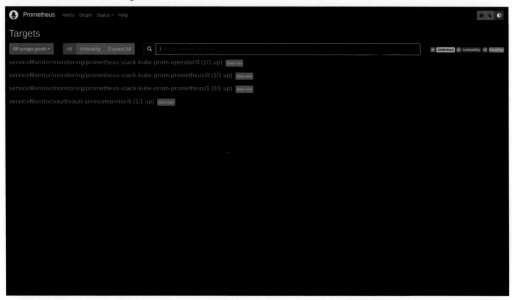

　Targets において、Vault のエンドポイントが認識されていることを確認できたら、実際に vault のメトリックが取得できていることを確認します。

図 10.2: Vault メトリック

10.2　ロギング

　Vault では、Vault に対するリクエストやそれに対するレスポンスについての詳細なログをまとめ

て保持するAudit Devices[2]という機能があります。

このログを取得することで、Vaultに対してどのようなリソースに対してどのようなアクセスが実行されたのかが確認できるようになります。

ログの取得の方法としては、File, Syslog, Socketという3つが用意されていますが、本書では指定したディレクトリー上にログファイルを作成するFileという形式をご紹介します。

標準出力

VaultにおいてAudit Devicesの機能を有効化するには、vault audit enableコマンドを実行する必要があります。まずVaultにログインしていきます。

リスト10.15: Vaultへのログイン

```
$ kubectl exec -n vault -it vault-0 -- /bin/sh
$ vault login <Root Token>
```

次に、Audit Devices機能を有効化します。このときに、file_pathオプションにおいてstdoutを指定することで、標準出力に対してVaultの監査ログを記録することができます。

リスト10.20: Audit Logの有効化

```
$ vault audit enable file file_path=stdout
```

標準出力への記録がされているので、kubectl logsコマンドを用いて、vaultのPodのログを取得します。

リスト10.17: Logの確認

```
$ kubectl logs vault-0 -n vault --tail 10
2023-10-15T07:52:35.393Z [INFO]  core: post-unseal setup complete
2023-10-15T07:52:35.394Z [INFO]  core: vault is unsealed
2023-10-15T07:52:35.402Z [INFO]  expiration: revoked lease:
lease_id=auth/kubernetes/login/he44ef409adf0a4622c3d4a7a3a0a66656068c7df68a6ec58a
6ec23b449cf76e6
2023-10-15T07:54:44.799Z [INFO]  expiration: revoked lease:
lease_id=auth/jwt/login/hb93a5e29a025a80b3d585aa3ff8a3520010d9812a7f2674abfde801c
8302c6ed
2023-10-15T07:55:05.968Z [INFO]  expiration: revoked lease:
lease_id=auth/jwt/login/h399a53553e7b449a979d4868c67a67be8cc3b0191c7f920f3031b5b24

ccb5fe0
{"time":"2023-10-15T08:29:53.744999431Z","type":"request","auth":{"token_type":"de
```

2.https://developer.hashicorp.com/vault/docs/audit

fault"},"request":{"id":"368c2bb0-d6d0-1d23-a3d8-a3a45235b00a","operation":"update

","namespace":{"id":"root"},"path":"sys/audit/test"}}2023-10-15T08:29:53.746Z
[INFO] core: enabled audit backend: path=file/ type=file{"time":"2023-10-15T08:29

:53.749196169Z","type":"response","auth":{"client_token":
"hmac-sha256:fd3897cd1caf05c4d45fc47a90ab52172a9f31bf2b5b31f49d3537d2a34178ac",
"accessor":"hmac-sha256:7b4b8db9eaef9299760c9af0f85330b3a0dc28c7076824f7637f9c31e
212eb83","display_name":"root","policies":["root"],"token_policies":["root"],
"policy_results":{"allowed":true,"granting_policies":[{"name":"root","namespace_id

":"root","type":"acl"}]},"token_type":"service","token_issue_time":"2023-09-19T23:

33:32Z"},"request":{"id":"19c7c81b-d51e-9ada-1bd7-8ea576555f05","client_id":"0DHq
vq2D77kL2/JTPSZkTMJbkFVmUu0TzMi0jiXcFy8=","operation":"update","mount_point":"sys
/","mount_type":"system","mount_accessor":"system_86e1ac19","mount_running_version

":"v1.14.0+builtin.vault","mount_class":"secret","client_token":"hmac-sha256:fd389

7cd1caf05c4d45fc47a90ab52172a9f31bf2b5b31f49d3537d2a34178ac","client_token_accesso

r":"hmac-sha256:7b4b8db9eaef9299760c9af0f85330b3a0dc28c7076824f7637f9c31e212eb83",

"namespace":{"id":"root"},"path":"sys/audit/file","data":{"description":"hmac-
sha256:1381c6292b8ca9c861ed6c9282daa3e22646a2022240133fe84bbe3a1d789f18","local"
:false,"options":{"file_path":"hmac-sha256:ab5cf539a3f23402c40b3e68cbb46863c8e67
0c1dcaaeca7037572b13bb1faca"},"type":"hmac-sha256:c99d2850e05e0ac3a07e479b9766f4
3dbd36dab050e3bd07b0b6377c731b68f0"},"remote_address":"127.0.0.1","remote_port":
37672},"response":{"mount_point":"sys/","mount_type":"system","mount_accessor":
"system_86e1ac19","mount_running_plugin_version":"v1.14.0+builtin.vault","mount
_class":"secret"}}{"time":"2023-10-15T08:30:00.631710578Z","type":"request",
"auth":{"client_token"
:"hmac-sha256:108ad3c341f9dba2fa4b17504ebd4e9e2d97f49ff15
891f22d79aa436f960a6d"
,"accessor":"hmac-sha256:2187c9fa0f3b6bdf389eaf5d521ef6fd
44aaf892fd714d7eb3b567f2ad72fd77","display_name":"jwt-system:serviceaccount:
vault-book:app","policies":["app-secret-jwt","default"],"token_policies":
["app-secret-jwt","default"],"policy_results":{"allowed":true,
"granting_policies":[{"name":"app-secret-jwt","namespace_id":
"root","type":"acl"}]},"metadata":{"role":"vault-jwt-app"},"entity_
id":"2c589753-9cb9-cf95-ab29-b8d25a58090e","token_type":"service","token_ttl":

3600,"token_issue_time":"2023-10-15T07:53:16Z"},"request":{"id":"c1b534e7-dd81-
8d05-5948-7f11cb8f133e","client_id":"2c589753-9cb9-cf95-ab29-b8d25a58090e","ope
ration":"read","mount_point":"secret/","mount_type":"kv","mount_running_version
":"v0.15.0+builtin","mount_class":"secret","client_token":
"
hmac-sha256:a9b96e90f9c325111253479a56bfb362370a4e56a3125e129774ae3d8ac08ed7","
client_token_accessor":"hmac-sha256:2187c9fa0f3b6bdf389eaf5d521ef6fd44aaf892fd7
14d7eb3b567f2ad72fd77","namespace":{"id":"root"},"path":"secret/data/app/config

","remote_address":"10.244.1.21","remote_port":46654}}{"time":"2023-10-15T08:
30:00.632024105Z","type":"response","auth":{"client_token"
:"hmac-sha256:108ad3c341f9dba2fa4b17504ebd4e9e2d97f49ff1589
1f22d79aa436f960a6d","accessor":"hmac-sha256:2187c9fa0f3b6bdf389eaf5d521ef6fd
44aaf892fd714d7eb3b567f2ad72fd77","display_name":"jwt-system:serviceaccount:
vault-book:app","policies":["app-secret-jwt","default"],"token_policies":
["app-secret-jwt","default"],"policy_results":{"allowed":true,"granting_
policies":[{"name":"app-secret-jwt","namespace_id":"root","type":"acl"}]}
,"metadata":{"role":"vault-jwt-app"},"entity_id":"2c589753-9cb9-cf95-ab29-
b8d25a58090e","token_type":"service","token_ttl":3600,"token_issue_time":
"2023-10-15T07:53:16Z"},"request":{"id":"c1b534e7-dd81-8d05-5948-7f11cb8f133e
","client_id":"2c589753-9cb9-cf95-ab29-b8d25a58090e","operation":"read",
"mount_point":"secret/","mount_type":"kv","mount_accessor":"kv_18a98e2f",
"mount_running_version":"v0.15.0+builtin","mount_class":"secret","client_
token":"hmac-sha256:a9b96e90f9c325111253479a56bfb362370a4e56a3125e129774ae3d8a
c08ed7","client_token_accessor":"hmac-sha256:2187c9fa0f3b6bdf389eaf5d521ef6fd4
4aaf892fd714d7eb3b567f2ad72fd77","namespace":{"id":"root"},"path":"secret/data
/app/config","remote_address":"10.244.1.21","remote_port":46654},"response":
{"mount_point":"secret/","mount_type":"kv","mount_accessor":"kv_18a98e2f",
"mount_running_plugin_version":"v0.15.0+builtin","mount_class":"secret","data"
:{"data":{"PASSWORD":"hmac-sha256:059d8cab5680191aac395bae34168ae5c70f999c57e4
41ff2b492c06b4bdf039","USERNAME":"hmac-sha256:06768d5d6a9d7789b03ac54b1efd32e5
5927b8849097d697c613d2ffde8d149b"},"metadata":{"created_time":"hmac-sha256:b8c
0769bfa20fc6d61cb0f9e0e21ec784a5939f8cb23576e0b0f4500a11d191b","custom_
metadata":null,"deletion_time":"hmac-sha256:1381c6292b8ca9c861ed6c9282daa3e226
46a2022240133fe84bbe3a1d789f18","destroyed":false,"version":1}}}}

　上記のように、Vault Operational Log に加えて Vault Audit Log が出力に追加されていることが確認できました。

　たとえば root ユーザーでログインをして、以下のコマンドを用いて秘密情報の内容を取得したとします。

リスト10.18: 秘密情報の取得

```
$ vault kv get /secret/app/config
```

　このとき、監査ログには以下のような出力が記録されます。アドレス、ユーザー、ユーザーに紐づくポリシーやロール、アクセス対象、操作内容など様々な情報を取得できることがわかります。

リスト10.19: Logの確認

```
{
  "time":"2023-10-15T14:45:53.478617935Z",
  "type":"request",
  "auth":{
    [...]
    "display_name":"root",
    "policies":["root"],
    "token_policies":["root"],
    "policy_results":{"allowed":true,
    [...]
  },
  "request":{
    [...]
    "operation":"read",
    "mount_point":"secret/",
    "mount_type":"kv",
    [...]
    "path":"secret/data/app/config",
    "remote_address":"127.0.0.1",
    "remote_port":60986
  }
}
{
  "time":"2023-10-15T14:45:53.47880069Z",
  "type":"response",
  "auth":{
    [...]
    "display_name":"root",
    "policies":["root"],
    "token_policies":["root"],
    [...]
  },
  "request":{
    [...]
```

```
    "operation":"read",
    "mount_point":"secret/",
    "mount_type":"kv",
    [...]
    "path":"secret/data/app/config",
    "remote_address":"127.0.0.1",
    "remote_port":60986},
  "response":{
    "mount_point":"secret/",
    "mount_type":"kv",
    [...]
    "data":{
      "data":{
        "PASSWORD":"hmac-sha256:484f6693c53897c279358e9cd0b3dd72f594fca2235ac5d8c
7a5d185a56ed336",
        "USERNAME":"hmac-sha256:d89c2f2e28b9ac23b785cce728eb8c3d8f157eee7fd906bdfa
c9ee4885c0161f"
      },
      [...]
    }
  }
}
```

あとは、FluentbitやPromtailといったロギングのツールを用いてElasticsearchやGrafana Lokiに送ることで、可視化をすることができます。

特定のディレクトリー

先ほどのAudit Devices有効化のコマンドにおいてfile_pathを指定する際に、特定のディレクトリーに対してファイルを作成するよう設定することができます。

リスト10.20: Audit Log の有効化

```
$ vault audit enable file file_path=/<path>/<to>/audit.log
```

この設定をする際に監査ログがPodの再起動によって消えてしまわないよう、Helmインストール時にAudit Devicesによって作成されるファイル用のディレクトリーにPersistent Volumeを紐づけられるような変数が用意されています。

リスト10.20: 監査ログ用の PersistentVolume の設定

```
server:
  auditStorage:
    enabled: enable
```

```
    size: 10Gi
    mountPath: "/vault/audit"
    accessMode: ReadWriteOnce
```

　この変数ファイルをvalues.yamlという名前のファイルとして作成し、Vaultを作成します。すでにVaultが作成されている場合には、StatefulSetに対するPersistentVolumeのパラメータ修正が走る形となってしまいErrorが出てしまうため、一度既存のVaultを削除して新しく作り直す必要があります。

　作成をすると、以下のようにデータ用のPersistentVolumeClaimと監査ログ用のPersistentVolumeClaimが作成されていることが確認できます。

リスト10.21: Vaultの作成
```
$ helm install vault hashicorp/vault -f values.yaml -n vault --create-namespace

$ kubectl get pvc -n vault
NAME                                     STATUS    VOLUME
CAPACITY    ACCESS MODES    STORAGECLASS    AGE
persistentvolumeclaim/audit-vault-0      Bound     pvc-525d772d-633a-449f-a637-e50cf2a
9722e   10Gi         RWO            standard        25s
persistentvolumeclaim/data-vault-0       Bound     pvc-56e1fd3e-bb5e-49e2-a757-4e88599
11eec   10Gi         RWO            standard        25s
```

　また、特定のファイルに対してログを出力するだけでは可視化ができないので、どうにかしてそのログを外部のツールに送信する必要があります。このときに、VaultのPodの中にFluentbitなどのログを送信するためのコンテナをサイドカーとして作成することができるように、extraContainersというパラメータが用意されています。データ用のPersistentVolumeClaimは「data」、監査ログ用のPersistentVolumeClaimは「audit」という名前でvolumeMountsに指定することができます。

リスト10.22: Sidecar Containerの指定
```
server:
  # extraContainers is a list of sidecar containers. Specified as a YAML list.
  extraContainers:
  - name: log-shipper
    image: vault-book/log-shipper
    imagePullPolicy: Always
    volumeMounts:
    - mountPath: /vault/audit
      name: audit
```

著者紹介

草間 一人 （くさま かずと）

PagerDuty JapanのProduct Evangelist、およびPlatform Engineering Meetupを運営する一般社団法人クラウドネイティブイノベーターズ協会の代表理事。
本誌執筆時点ではHashiCorp JapanのSenior Solutions Engineerをしており、商用版のVaultやTerraformのプリセールスフェーズに携わった。

望月 敬太 （もちづき けいた）

KubernetesやCloudFoundryといったコンテナ基盤の開発および活用支援に2年ほど従事したのち、コンテナ技術に関するR&Dや案件技術支援を担当。
直近はKubernetesコミュニティへのContribution活動にも取り組んでいる。
また、プライベートでもKubernetesやコンテナに関する技術調査・検証を行っており、定期的にMeetupへの登壇も行っている。

上津 亮太朗 （うわつ りょうたろう）

Dell Technologies JapanにおいてSolutions Architecture Engineerとして、サーバーやストレージの自動化、クラウドネイティブな技術の支援などを担当。
Kubernetes Meetup Noviceの運営や、Kubenewsの配信活動等を行なう。

◎本書スタッフ
アートディレクター/装丁：岡田章志＋GY
編集協力：山部沙織
ディレクター：栗原 翔
〈表紙イラスト〉
はる
普段はグラフィックデザインや映像のお仕事をしながら、一年中の手乗りサンタ「YoChal」のイラストを描いてます。

技術の泉シリーズ・刊行によせて

技術者の知見のアウトプットである技術同人誌は、急速に認知度を高めています。インプレス NextPublishingは国内最大級の即売会「技術書典」（https://techbookfest.org/）で頒布された技術同人誌を底本とした商業書籍を2016年より刊行し、これらを中心とした『技術書典シリーズ』を展開してきました。2019年4月、より幅広い技術同人誌を対象とし、最新の知見を発信するために『技術の泉シリーズ』へリニューアルしました。今後は「技術書典」をはじめとした各種即売会や、勉強会・LT会などで頒布された技術同人誌を底本とした商業書籍を刊行し、技術同人誌の普及と発展に貢献することを目指します。エンジニアの"知の結晶"である技術同人誌の世界に、より多くの方が触れていただくきっかけになれば幸いです。

インプレス NextPublishing
技術の泉シリーズ　編集長　山城 敬

技術の泉シリーズ

Kubernetes Secret管理入門
HashiCorp Vaultで実現するセキュアな運用

2024年6月21日　　初版発行Ver.1.0（PDF版）

著　者	草間 一人,望月 敬太,上津 亮太朗
編集人	山城 敬
企画・編集	合同会社技術の泉出版
発行人	高橋 隆志
発　行	インプレス NextPublishing
	〒101-0051
	東京都千代田区神田神保町一丁目105番地
	https://nextpublishing.jp/
販　売	株式会社インプレス
	〒101-0051　　東京都千代田区神田神保町一丁目105番地

印刷・製本　京葉流通倉庫株式会社
Printed in Japan

ISBN978-4-295-60201-9

NextPublishing®
●インプレス NextPublishingは、株式会社インプレスR&Dが開発したデジタルファースト型の出版
モデルを承継し、幅広い出版企画を電子書籍＋オンデマンドによりスピーディで持続可能な形で実現し
ています。https://nextpublishing.jp/